L'OISEAU

Des ailes !

(RUCKERT.)

COMPOSITIONS DE M. H. GIACOMELLI

GRAVURE

DE MM. BERTRAND — BERVEILLER — CARTER — COSTE

ETTLING — GAUCHARD

HILDIBRAND — HORCHOLLE — HUREL — LAPLANTE — MEUNIER

MEYER HEINE — MORICE — PANNEMAKER

ROUGET — Mme E. ROUGET — SARGENT — THÉNARD

IMPRESSION DE M. J. CLAYE

PAPIER DE MM. TONNELLIER ET Cie, DE LA FLÈCHE

L'OISEAU

PAR

J. MICHELET

HUITIÈME ÉDITION

ILLUSTRÉE DE 210 VIGNETTES SUR BOIS

DESSINÉES

PAR H. GIACOMELLI

PARIS
LIBRAIRIE DE L. HACHETTE ET Cie
77, BOULEVARD SAINT-GERMAIN, 77

1867

A MADAME MICHELET

Je te dédie ce qui est tien : trois livres du foyer, de nos doux entretiens du soir :

L'Oiseau — l'Insecte — la Mer.

Toi seule les inspiras. Sans toi, j'aurais suivi, toujours sur mon sillon, la rude voie de l'histoire humaine.

Toi seule les préparas. Je reçus de ta main la riche moisson de la nature.

Et tu les couronnas, y mettant sur le faîte la fleur sacrée qui les bénit.

J. MICHELET.

COMMENT L'AUTEUR FUT CONDUIT A L'ÉTUDE DE LA NATURE

COMMENT
L'AUTEUR FUT CONDUIT
A L'ÉTUDE DE LA NATURE

A mon public ami, fidèle, qui m'écouta si longtemps, et qui ne m'a point délaissé, je dois la confidence des circonstances intimes qui, sans m'écarter de l'histoire, m'ont conduit à l'histoire naturelle.

Ce que je publie aujourd'hui est sorti entièrement de la famille et du foyer. C'est de nos heures de repos, des conversations de l'après-midi, des lectures d'hiver, des causeries d'été, que ce livre peu à peu est éclos, si c'est un livre.

Deux personnes laborieuses, naturellement réunies après la journée de travail, mettaient ensemble leur récolte, et se refaisaient le cœur par ce dernier repas du soir.

Est-ce à dire que nous n'ayons pas eu quelque autre collaborateur? Il serait injuste, ingrat de n'en pas parler. Les hirondelles familières qui logeaient sous notre toit se mêlaient à la causerie. Le rouge-gorge domestique qui voltige autour de moi y jetait des notes tendres, et parfois le rossignol la suspendit par son concert solennel.

Le temps pèse, la vie, le travail, les violentes péripéties de notre âge, la dispersion d'un monde d'intelligence où nous vécûmes, et auquel rien n'a succédé. Les rudes labeurs de l'histoire avaient pour délassement l'enseignement, qui fut l'amitié. Leurs haltes ne sont plus que le silence. A qui demander le repos, le rafraîchissement moral, si ce n'est à la nature?

Le puissant dix-huitième siècle qui contient mille ans de combats, à son coucher, s'est reposé sur le livre aimable et consolateur (quoique faible scientifiquement) de Bernardin de Saint-Pierre. Il a fini sur ce mot touchant de Ramond : « Tant de pertes irréparables pleurées au sein de la nature!... »

Nous, quoi que nous ayons perdu, nous demandions autre chose que des larmes à la solitude, autre chose que le dictame qui adoucit les cœurs blessés. Nous y cherchions un cordial pour marcher toujours en avant, une goutte des sources intarissables, une force nouvelle et des ailes!

Cette œuvre quelconque a du moins le caractère d'être venue comme vient toute vraie créature vivante. Elle s'est faite à la chaleur d'une douce incubation, et elle s'est rencontrée une et harmonique, justement parce qu'elle venait de deux principes différents.

Dès deux âmes qui la couvèrent, l'une se trouvait d'autant plus près des études de la nature qu'elle y était née en quelque sorte, et en avait toujours gardé le parfum et la saveur. L'autre s'y porta d'autant plus qu'elle en avait toujours été sevrée par les circonstances, retenue dans les âpres voies de l'histoire humaine.

L'histoire ne lâche point son homme. Qui a bu une seule fois à ce vin fort et amer y boira jusqu'à la mort. Jamais je ne m'en détournai, même en de pénibles jours. Quand la tristesse du passé et la tristesse du présent se mêlèrent, et que, sur nos propres ruines, j'écrivais 93, ma santé put défaillir, non mon âme, ni ma volonté. Tout le jour, je m'attachais à ce dernier devoir, et je marchais dans les ronces. Le soir, j'écoutais (non d'abord sans effort) quelque récit pacifique des naturalistes ou des voyageurs. J'écoutais et j'admirais, n'y pouvant m'adoucir encore, ni sortir de mes pensées, mais les contenant du moins et me gardant bien de mêler à cette paix innocente mes soucis et mon orage.

Ce n'était pas que je fusse insensible aux grandes légendes de ces hommes héroïques dont les travaux, les voyages ont tant servi le genre humain. Les grands citoyens de la patrie, dont je racontais l'histoire, étaient les proches parents de ces citoyens du monde.

De moi-même, depuis longtemps, j'avais salué de cœur la grande révolution française dans les sciences naturelles; l'ère de Lamark et de Geoffroy Saint-Hilaire, si féconds par la méthode, puissants vivificateurs de toute science. Avec quel bonheur je les retrouvai dans leurs fils légitimes, leurs ingénieux enfants qui ont continué leur esprit !

Nommons en tête l'aimable et original auteur du *Monde des oiseaux*, qu'on aurait dès longtemps proclamé l'un des plus solides naturalistes s'il n'était le plus amusant. J'y reviendrai plus d'une fois; mais j'ai hâte, dès l'entrée de ce livre, de payer ce premier hommage à un très-grand observateur qui, pour ce qu'il a vu lui-même, est aussi grave, aussi *spécial* que Wilson ou Audubon.

Il s'est calomnié lui-même en disant que, dans ce beau

livre, « il n'a cherché qu'un prétexte pour parler de l'homme. » Nombre de pages, au contraire, prouvent suffisamment qu'à part toute analogie, il a aimé, observé l'oiseau en lui-même. Et c'est pour cela qu'il en a fixé de si puissantes légendes, de fortes et profondes personnifications. Tel oiseau, par Toussenel, est maintenant et restera à jamais une personne.

Toutefois, le livre qu'on va lire part d'un point de vue différent de celui de l'illustre maître.

Point de vue nullement contraire, mais symétriquement opposé.

Celui-ci, autant que possible, ne cherchant que l'oiseau dans l'oiseau, évite l'analogie humaine. Sauf deux chapitres, il est écrit comme si l'oiseau était seul, comme si l'homme n'eût existé jamais.

L'homme ! nous le rencontrions déjà suffisamment ailleurs. Ici, au contraire, nous voulions un *alibi* au monde humain, la profonde solitude et le désert des anciens jours.

L'homme n'eût pas vécu sans l'oiseau, qui seul a pu le sauver de l'insecte et du reptile; mais l'oiseau eût vécu sans l'homme.

L'homme de plus, l'homme de moins, l'aigle régnerait sur son trône des Alpes. L'hirondelle ne ferait pas moins sa migration annuelle. La frégate, non observée, planerait du même vol sur l'Océan solitaire. Sans attendre d'auditeur humain, le rossignol dans la forêt, avec plus de sécurité, chanterait son hymne sublime. Pour qui? Pour celle qu'il aime, pour sa couvée, pour la forêt, pour lui-même enfin, qui est son plus délicat auditeur.

Une autre différence entre ce livre et celui de Toussenel, c'est que, tout *harmonien* qu'il est et disciple du pacifique Fourier, il n'en est pas moins un chasseur. La vocation militaire du Lorrain éclate partout.

Ce livre-ci, au contraire, est un livre de paix, écrit précisément en haine de la chasse.

La chasse à l'aigle et au lion, d'accord; mais point de chasse aux faibles.

La foi religieuse que nous avons au cœur et que nous enseignons ici, c'est que l'homme pacifiquement ralliera toute la terre, qu'il s'apercevra peu à peu que tout animal adopté, amené à l'état domestique, ou du moins au degré d'amitié ou de voisinage dont sa nature est susceptible, lui sera cent fois plus utile qu'il ne pourrait l'être égorgé.

L'homme ne sera vraiment homme (nous y reviendrons à la fin du livre) que lorsqu'il travaillera sérieusement à la chose que la terre attend de lui :

La pacification et le ralliement harmonique de la nature vivante.

« Rêves de femme, » dira-t-on. — Qu'importe ?

Qu'un cœur de femme soit mêlé à ce livre, je ne vois aucune raison pour repousser ce reproche. Nous l'acceptons comme un éloge. La patience et la douceur, la tendresse et la pitié, la chaleur de l'incubation, ce sont choses qui font, conservent, développent une création vivante.

Que ceci ne soit pas un livre, mais soit un être, à la bonne heure ! Il sera fécond dès lors, et d'autres en pourront venir.

On comprendra mieux, du reste, le caractère de l'ouvrage, si on prend la peine de lire les quelques pages qui suivent et que je copie mot à mot.

« *Je suis née à la campagne; j'y ai passé les deux tiers des années que j'ai vécu. Je m'y sens rappelée toujours, et par le charme des premières habitudes, et par le goût de la nature, sans doute aussi par le cher souvenir de mon père, qui m'y éleva et fut le culte de ma vie.*

« *Ma mère étant malade et fatiguée de plusieurs couches successives, on me laissa très-longtemps en nourrice chez d'excellents paysans qui m'aimèrent comme leur enfant. Je restai vraiment leur fille; frappés de mes façons rustiques, mes frères m'appelaient* la bergère.

« *Mon père habitait, non loin de la ville, une maison fort agréable qu'il avait achetée, bâtie, entourée de plantations, voulant, par le charme du lieu, consoler sa jeune femme de la grandiose nature américaine qu'elle venait de quitter. L'habitation, bien exposée, au levant et au midi, voyait chaque matin le soleil se lever sur un coteau de vignes, et tourner, avant la chaleur, vers les cimes lointaines des Pyrénées, qu'on aperçoit dans les beaux temps. Les ormeaux de notre France, mariés aux acacias d'Amérique, aux lauriers-roses et aux jeunes cyprès, brisaient les rayons de la lumière et nous l'envoyaient en reflets adoucis.*

« A notre droite un bosquet de chênes, fermé d'une épaisse charmille, nous abritait du nord et de l'aigre vent du Cantal. A gauche, dans un vaste horizon, s'étendaient les prairies et les champs de blé. Un ruisseau courait sous les genêts à l'abri de quelques grands arbres : léger filet d'eau, mais limpide, marqué le soir à l'horizon par un petit ruban de brume qui traînait sur ses bords.

« Le climat est intermédiaire; la vallée, qui est celle du Tarn, participant des douceurs de la Garonne et des sévérités de l'Auvergne, n'a pas encore les productions méridionales qu'on trouve partout à Bordeaux. Mais le mûrier et la soie, la pêche fondante et parfumée, les raisins succulents, les figues sucrées et les melons en plein

vent, annoncent qu'on est dans le Midi. Les fruits surabondaient chez nous; une partie de l'habitation était un immense verger.

« Je sens mieux au souvenir tout le charme de ce lieu, son caractère varié. Il ne laissait pas que d'être sérieux et mélancolique en lui-même et par les personnes. Mon père, quoique agréable et vif, était un homme déjà âgé et d'une santé chancelante. Ma mère, belle, jeune et austère, avait la digne tenue de l'Amérique du Nord, et de plus la prévoyance et l'économie active que n'ont pas toujours les créoles. Le bien que nous occupions, ancien bien de protestants qui avait passé par plusieurs mains avant de venir aux nôtres, gardait encore les tombes de ses anciens propriétaires, simples tertres de gazon, où les proscrits cachaient leurs morts sous un épais bouquet de chênes. Je n'ai pas besoin de dire que ces arbres et ces sépultures, conservés par l'oubli même, furent, dans les mains de mon père, religieusement respectés. Des rosiers, plantés de sa main, marquaient chaque tombe. Ces parfums, ces fraîches fleurs, cachaient le sombre de la mort, en lui laissant toutefois quelque chose de sa mélancolie. Nous y étions comme attirés, malgré nous, quand venait le soir; émus, nous priions souvent pour les âmes envo-

lées, et s'il filait une étoile, nous disions : « C'est l'âme « qui passe. »

« J'ai vécu dix ans, de quatre à quatorze, dans ce lieu animé, parmi les joies et les peines. Je n'avais guère de camarades. Ma sœur, plus âgée de cinq ans, était déjà la compagne de ma mère que je n'étais encore qu'une petite fille. Mes frères, assez nombreux pour jouer entre eux sans moi, me laissaient souvent isolée aux heures de récréation. S'ils couraient les champs, je ne les suivais que du regard. J'avais donc des heures solitaires où j'errais près de la maison dans les longues allées du jardin. J'y pris, malgré ma vivacité, des habitudes contemplatives. Je commençais à sentir l'infini au fond de mes rêves, j'entrevis Dieu, mais le Dieu maternel de la nature, qui regarde tendrement un brin d'herbe autant qu'une étoile. Là, je trouvai la première source des consolations, je dis plus, du bonheur.

« Notre maison aurait offert à un esprit observateur un très-aimable champ d'étude. Tous les êtres semblaient s'y donner rendez-vous sous une protection bienveillante Nous avions une belle pièce d'eau poissonneuse près de l'habitation, mais point de volière, mes parents ne supportant pas l'idée de mettre en esclavage des êtres qui

vivent de mouvement et de liberté. Chiens, chats, lapins, cochons d'Inde, vivaient paisiblement ensemble. Les poules apprivoisées, les colombes entouraient sans cesse ma mère et venaient manger dans sa main. Les moineaux nichaient chez nous; les hirondelles y bâtissaient jusque sous nos granges, elles voletaient dans les chambres même et, chaque printemps, revenaient fidèlement sous notre toit.

« *Que de fois aussi j'ai retrouvé, dans des nids de chardonnerets arrachés de nos cyprès par les vents d'automne, des petits morceaux de mes robes d'été, perdus dans le sable! Chers oiseaux que j'abritais alors sans le savoir dans un pli de mon vêtement, vous avez aujourd'hui un abri plus sûr dans mon cœur, et vous ne le sentez pas!...*

« *Nos rossignols, plus sauvages, nichaient dans les charmilles solitaires; mais, sûrs d'une hospitalité généreuse, ils arrivaient cent fois le jour sur le seuil de la porte, demandant à ma mère, pour eux et leur famille, les vers à soie qui avaient péri.*

« *Au fond du bois, aux troncs des vieux arbres, le pivert travaillait obstinément; on l'entendait encore fort tard quand tous les bruits avaient cessé. Nous écoutions dans un silence craintif les coups mystérieux du travailleur infatigable mêlés à la voix traînante et lamentable du hibou.*

« *Ma plus haute ambition eût été d'avoir à moi un oiseau, une tourterelle. Celles de ma mère, si familières, si plaintives, si tendrement résignées au temps de la couvée, m'attiraient vivement vers elles. Si la petite fille se sent mère par la poupée qu'elle habille, combien plus par une créature vivante qui répond à ses caresses! J'eusse tout donné pour ce trésor. Mais il en fut autrement; la colombe ne fut pas mon premier amour.*

« *Le premier fut une fleur dont je ne sais pas le nom.*

« *J'avais un petit jardin, sous un très-grand figuier dont l'ombre humide rendait toutes mes cultures inutiles. Fort triste et fort découragée, j'aperçois un matin, sur une tige d'un vert pâle, une belle petite fleur d'or!... Bien petite, frissonnante au moindre souffle, sa faible tige sortait d'un petit bassin creusé par les pluies d'orage. La voyant toujours frémir, je supposai qu'elle avait froid, et je lui fis une ombrelle de feuilles... Comment dire les transports que me donnait ma découverte? Seule j'avais la connaissance de son existence, et seule sa possession. Le jour, nous n'avions l'une pour l'autre que des regards.*

Le soir, je me glissais près d'elle, le cœur plein d'émotion. Nous parlions peu, de peur de nous trahir. Mais que de tendres baisers avant le dernier adieu!... Ces joies, hélas! ne durèrent que trois jours. Une après-midi ma fleur se replia lentement pour ne plus se rouvrir. Elle avait fini d'aimer.

« Je gardai pour moi mes regrets amers, comme j'avais gardé ma joie. Nulle autre fleur ne m'aurait consolée : il fallait une vie plus vivante pour rendre l'essor à mon cœur.

« Tous les ans, ma bonne nourrice venait me voir et m'apportait quelque chose. Une fois, d'un air mystérieux, elle me dit : « Mets la main dans mon panier. » Je croyais y trouver des fruits, mais je sens un poil soyeux et quelque chose qui frémit. C'est un lapin! Je l'enlève, et me voilà courant de tous côtés pour annoncer la bonne nouvelle. Je serrais ce pauvre animal avec une joie convulsive qui faillit lui être fatale. Le vertige me troublait la tête. Je ne mangeais plus; mon sommeil était plein de rêves pénibles; je voyais mourir mon lapin sans pouvoir faire un pas pour le secourir... C'est qu'il était si beau, mon lapin, avec son nez rose et sa fourrure lustrée comme un miroir! Ses grandes oreilles nacrées et mobiles qu'il

époussetait sans cesse, ses cabrioles pleines de fantaisie, avaient, je dois l'avouer, une part de mon admiration. Dès le point du jour, je m'échappais du lit de ma mère pour revoir mon favori et le porter dans quelque plant de choux. Là, il mangeait gravement ses feuilles vertes, jetant sur moi de longs regards que je trouvais pleins de tendresse; puis, se dressant sur ses pattes de derrière, il présentait au soleil son petit ventre blanc comme la neige, et lissait ses belles moustaches avec une dextérité merveilleuse.

« Cependant la médisance se fit jour sur son compte : on lui trouva peu de physionomie et beaucoup de gourmandise. Aujourd'hui je pourrais convenir de la chose; mais à sept ans, je me serais battue pour l'honneur de mon lapin. Hélas! il n'était guère besoin de disputer avec lui, il devait vivre si peu! Un dimanche, ma mère étant partie pour la ville avec ma sœur et mon frère aîné, nous errions, nous, les petits, dans l'enclos, quand une détonation se fit entendre. Un cri étrange, semblable au premier vagissement d'un enfant, la suivit de près. Mon lapin venait d'être blessé d'un coup de feu. La malheureuse bête avait franchi la haie du verger, et le voisin, n'ayant rien à faire, s'était amusé à la tirer.

« J'arrivai pour le voir relever sanglant... Ma douleur fut telle que, ne pouvant proférer une parole, j'étouffais... Sans mon père, qui me reçut dans ses bras et sut par de douces paroles faire éclater mon cœur, j'aurais perdu le sentiment. Mes jambes ne me soutenaient plus... Pardonnez les larmes que me fait encore verser ce souvenir.

« Pour la première fois, et bien jeune, j'eus la révélation de la mort, de l'abandon, du vide. La maison, le jardin me parurent plus grands, dépouillés. Ne riez pas : mon chagrin fut amer, tout renfermé en moi, et d'autant plus profond.

« Dès lors, instruite et sachant qu'on mourait, je commençai à regarder mon père. Je vis, non sans effroi, son visage fort pâle et ses cheveux blanchis. Il pouvait nous quitter, il pouvait s'en aller « où l'appelait la « cloche du village, » comme il le répétait souvent. Je n'avais pas la force de cacher mes pensées. Parfois je lui jetais les bras au cou, je m'écriais : « Papa, ne mourez « pas... Oh! ne mourez jamais! » Il me serrait sans rien répondre, mais ses beaux grands yeux noirs se troublaient en me regardant.

« Je lui tenais par mille liens, par mille rapports

intimes. J'étais la fille de son âge mûr et de sa santé ébranlée, de ses épreuves. Je n'avais pas l'heureux équilibre que les autres enfants tenaient de ma mère. Mon père était passé en moi. Il le disait lui-même : « Que je « te sens ma fille ! »

« L'âge, les agitations de la vie ne lui avaient rien ôté, il gardait jusqu'au dernier jour le souffle et les aspirations de la jeunesse, l'attrait aussi. Tous le sentaient sans s'en rendre compte, et d'eux-mêmes venaient à lui, les femmes, les enfants, comme les hommes. Je le vois encore dans son cabinet, devant sa petite table noire, contant son odyssée, ses longs voyages d'Amérique, sa vie des colonies ; on ne se lassait jamais de ses récits. Une demoiselle de vingt ans, au dernier terme d'une maladie de poitrine, l'entendit peu avant sa mort : elle voulait toujours l'entendre, le faisait prier de venir ; tant qu'il parlait, elle oubliait tout, souffrance et défaillance, et l'approche même de la mort.

« Ce charme n'était pas seulement celui d'un causeur spirituel ; il tenait à la grande bonté qui était visible en lui. Les épreuves, la vie de malheurs, d'aventures qui endurcissent tant de cœurs, avaient au contraire attendri le sien. Pas d'homme, dans cette génération si agitée,

battue de tant de flots, n'avait traversé des circonstances si pénibles. Son père, originaire d'Auvergne, principal d'un collége, puis juge consulaire dans notre ville plus méridionale, enfin appelé aux notables en 88, avait la dure austérité de son pays et de ses fonctions, de l'école et des tribunaux. L'éducation de ce temps était sauvage, un perpétuel châtiment; plus un esprit, un caractère, avait de ressort, plus elle tendait à le briser. Mon père, de nature fine et tendre, n'y eût pas résisté. Il n'échappa qu'en s'enfuyant en Amérique, où se trouvait déjà un de ses frères. Une chemise de rechange était toute sa fortune; plus, la jeunesse, la confiance, les rêves d'or de la liberté. Il a gardé de ce moment une tendresse particulière pour ce libre pays; il y est souvent retourné, et il a voulu y mourir.

« Conduit par des affaires à Saint-Domingue, il se trouva dans la grande crise du règne de Toussaint Louverture. Cet homme extraordinaire, qui avait été esclave jusqu'à cinquante ans, qui sentait et devinait tout, ne savait point écrire, formuler sa pensée. Il était bien plus propre aux grands actes qu'aux grandes paroles. Il lui fallait une main, une plume, et davantage : un cœur jeune et hardi qui donnât au héros le langage héroïque,

les mots de la situation. Toussaint, à l'âge qu'il avait, trouva-t-il seul ce noble appel : Le premier des noirs au premier des blancs? *Je voudrais en douter. S'il le trouva, du moins, ce fut mon père qui l'écrivit.*

« *Il l'aimait fort, il sentait sa candeur, et s'y fiait, lui si profondément défiant, muet de son long esclavage et secret comme le tombeau! Mais qui pourrait mourir sans avoir un jour desserré son cœur? Mon père eut le malheur qu'en certains moments Toussaint s'épancha, lui confia de dangereux mystères. Dès lors, tout fut fini; il eut peur du jeune homme et crut dépendre de lui; c'était un nouvel esclavage qui ne pouvait finir que par la mort de mon père. Toussaint l'emprisonna, puis, sa crainte augmentant, il l'aurait sacrifié... Le prisonnier, heureusement, était gardé par la reconnaissance; il avait été bon pour beaucoup de noirs; une négresse qu'il avait protégée l'avertit du péril, et l'aida à y échapper. Toute sa vie il a cherché cette femme pour lui témoigner sa gratitude; il ne l'a retrouvée que quarante ans après, à son dernier voyage; elle vivait aux États-Unis.*

« *Pour revenir, échappé de prison, il n'était pas sauvé. Errant la nuit dans la forêt, sans guide, il avait à craindre les nègres marrons, ennemis implacables des blancs, qui l'eussent tué sans savoir qu'ils tuaient le meilleur ami de leur race. La fortune est pour la jeunesse; il échappa à tout. Ayant trouvé un bon cheval, chaque fois que les noirs sortaient des taillis, il lui suffisait de donner un coup d'éperon, de brandir son chapeau en criant : « Avant-garde du général Toussaint ! » A ce nom redouté, tout fuyait, disparaissait comme par enchantement.*

« Mon père, telle fut sa douceur d'âme, n'en resta pas moins attaché à ce grand homme qui l'avait méconnu. Lorsqu'il le sut en France, abandonné de tous, misérable prisonnier dans un fort du Jura où il mourut de froid et de misère, seul il lui fut fidèle. A travers les fautes, les violences inséparables du grand et terrible rôle que cet homme avait joué, il révérait en lui le hardi initiateur d'une race, le créateur d'un monde. Il a correspondu avec lui jusqu'à sa mort, et, depuis, avec sa famille.

« Un hasard singulier voulut que mon père se trouvât employé à l'île d'Elbe, quand le premier des blancs, *détrôné à son tour, vint y prendre possession de sa petite royauté. Mon père eut le cœur pris et l'imagination de ce prodigieux roman. Lui, Américain et imbu d'études*

républicaines, le voici cette fois encore le courtisan du malheur. Il se donna au plus intime des serviteurs de l'Empereur, à ses enfants, à cette dame accomplie et adorée qui devait être le charme de l'exil. Il se chargea de la ramener en France dans le périlleux retour de mars 1815. Cette attraction, s'il n'y eût eu obstacle, le menait jusqu'à Sainte-Hélène. Du moins, il ne supporta pas le retour des Bourbons, et retourna à sa chère Amérique.

« *Elle ne fut pas ingrate et lui donna le bonheur de sa vie. Il avait quitté toute fonction pour la carrière plus libre de l'enseignement. Il enseignait à la Louisiane. Cette France coloniale, isolée, détachée par les événements de sa mère, et mêlée de tant d'éléments, aspire toujours le souffle de la France. Mon père, entre autres élèves, avait une orpheline, d'origine anglaise et allemande. Il la prit toute petite, aux premiers éléments; elle grandit entre ses mains, l'aima de plus en plus; elle se retrouvait une famille, un père; elle sentit le cœur paternel, avec un charme de jeune vivacité que gardent dans l'âge mûr nos Français du Midi. Elle n'avait que trois défauts: riche, jolie et très-jeune, trente ans de moins que mon père; mais ni l'un ni l'autre ne s'en aperçurent, et ils ne s'en sont souvenus jamais. Ma mère a été inconsolable de la mort de mon père, et elle en a toujours porté le deuil.*

« Ma mère désirait voir la France, et mon père, si fier d'elle, était ravi de montrer au vieux monde cette brillante fleur conquise sur le nouveau. Mais quelque désireux qu'il fût de maintenir à la jeune dame créole la position et l'état de fortune qu'elle avait toujours eus, il ne s'embarqua pas sans accomplir, de son consentement, un acte religieux et sacré. Ce fut d'affranchir ses esclaves, ceux du moins qui étaient majeurs; pour les enfants, que la loi américaine interdit d'affranchir, ils reçurent de lui leur liberté future, et purent, à leur majorité, rejoindre leurs parents. Jamais il ne les perdit de vue. Il les avait présents, savait leur nom, leur âge et l'heure de leur libération. Dans son séjour en France, il notait ces moments, disait aux siens avec bonheur : « Au-« jourd'hui, un tel devient libre. »

« Voilà mon père dans sa patrie, heureux à la campagne tout près de sa ville natale, bâtissant et plantant, élevant sa famille, centre d'un jeune monde où tout venait de lui : la maison, le jardin étaient sa création; sa femme aussi, par lui formée et élevée, et qu'on eût crue sa fille; ma mère était si jeune que

sa fille aînée semblait sa sœur. Cinq autres enfants survinrent, presque d'année en année, entourant promptement mon père d'une vivante couronne qui faisait son orgueil. Peu de familles furent plus variées de tendances et de caractères; les deux mondes y étaient distinctement représentés, ceux-ci nés Français du Midi avec la vivacité brillante du Languedoc, ceux-là colons plus graves de la Louisiane ou marqués en naissant des apparences flegmatiques du caractère américain.

« *Il fut réglé cependant qu'à l'exception de l'aînée, déjà compagne de ma mère et associée au gouvernement de la maison, les cinq plus jeunes recevraient une éducation commune, un seul maître, mon père. Il se fit, à son âge, précepteur et maître d'école. Sa journée tout entière nous appartenait, de six heures du matin à six heures du soir. Il ne se réservait pour ses correspondances, ses lectures favorites, que les premières heures du matin, ou pour mieux dire les dernières de la nuit. Couché de très-bonne heure, il se levait à trois heures tous les jours, sans égard à sa délicate poitrine. Avant tout, il ouvrait sa porte, et devant les étoiles, ou l'aurore, selon la saison, il bénissait Dieu, et Dieu aussi devait bénir cette tête blanchie par les épreuves, non par les passions humaines. En été, il faisait après sa prière une petite promenade au jardin et voyait s'éveiller les insectes et les plantes. Il les connaissait à merveille, et bien souvent après le déjeuner, me prenant par la main, il me disait le tempérament de chaque fleur, m'indiquait le refuge des petits animaux qu'il avait surpris au réveil. Un de ces animaux était une couleuvre que la vue de mon père n'effrayait pas du tout; chaque fois qu'il allait s'asseoir près de son domicile, elle ne manquait guère de sortir la tête curieusement et de le regarder. Lui seul savait qu'elle fût là, et il me le dit à moi seule : ce secret resta entre nous.*

« A ces heures matinales, tout ce qu'il rencontrait devenait un texte fécond de ses effusions religieuses. Sans phrases et d'un sentiment vrai, il me parlait de la bonté de Dieu, pour qui il n'y a ni grands ni petits, mais tous frères et égaux.

« Associée aux travaux de mes frères, je ne l'étais pas moins à ceux de ma mère et de ma sœur. Si je quittais la grammaire, le calcul, c'était pour prendre l'aiguille.

« Heureusement pour moi, notre vie, naturellement

mêlée à celle des champs, était, bon gré mal gré, fréquemment variée des incidents charmants qui rompent toute habitude. L'étude est commencée, on s'applique sans distraction; mais quoi? voici venir l'orage, les foins seront gâtés : vite, il faut les rentrer; tout le monde s'y met, les enfants même y courent, l'étude est ajournée; vaillamment on travaille et la journée se passe. C'est dommage, la pluie n'est pas venue, l'orage est suspendu du côté de Bordeaux : ce sera pour demain.

« *Aux moissons, on nous passait bien aussi quelque glanage. Dans ces grands moments de récolte, qui sont des travaux et des fêtes, toute application sédentaire est impossible; la pensée est aux champs. Nous échappions sans cesse, avec la vélocité de l'alouette; nous disparaissions aux sillons, petits sous les grands blés, dans la forêt des épis mûrs.*

« *Il est bien entendu qu'aux vendanges il n'y avait point à songer à l'étude : ouvriers nécessaires, nous vivions aux vignes; c'était notre droit. Mais, avant le raisin, nous avions bien d'autres vendanges, celles des arbres à fruits, cerises, abricots, pêches. Même après, les pommes et les poires nous imposaient de grands travaux auxquels nous nous serions fait conscience de ne pas employer nos mains. Et, ainsi, jusque dans l'hiver, revenaient ces nécessités d'agir, de rire et ne rien faire. Les dernières, déjà en plein novembre, peut-être étaient les plus charmantes; une brume légère parait alors toute chose; je n'ai rien vu de tel ailleurs; c'était un rêve, un enchantement. Tout se transfigurait sous les plis ondoyants du grand voile gris-de-perle qui, au souffle du tiède automne, se posait amoureusement ici et là, comme un baiser d'adieu.*

« La digne hospitalité de ma mère, le charme de mon père et sa piquante conversation, nous attiraient aussi les distractions imprévues des visites de la ville, suspensions obligées de l'étude, dont nous ne pleurions pas. Mais la grande et continuelle visite, c'étaient les pauvres qui connaissaient cette maison, cette main inépuisablement ouverte par la charité. Tous y participaient, les animaux eux-mêmes, et c'était une chose curieuse et divertissante de voir les chiens du voisinage, patiemment, silencieusement assis sur leur derrière, attendre que mon père levât les yeux de son livre; ils savaient bien qu'il ne résistait pas à leur prière muette. Ma mère, plus raisonnable, aurait été d'avis d'éloigner ces convives indiscrets qui se priaient eux-mêmes. Mon père sentait qu'il

avait tort, et pourtant il ne manquait guère de leur jeter à la dérobée quelque reste qui les renvoyait satisfaits.

« *Ils le connaissaient bien. Un jour, un nouvel hôte, maigre, hérissé, peu rassurant, nous arrive, tenant du chien, du loup; c'était en effet un métis des deux espèces, né aux forêts de la Grésigne. Il était très-féroce, fort irascible, et beaucoup trop semblable à la louve, sa mère. Du reste, intelligent, et d'un instinct très-sûr. Il se donna tout d'abord à mon père, et, quoi qu'on fît, il ne le quitta plus. Il ne nous aimait guère; nous le lui rendions bien, saisissant toute occasion de lui jouer cent tours. Il grondait et grinçait les dents, toutefois, par égard pour mon père, s'abstenant de nous dévorer. Pour les pauvres, il était furieux, implacable, très-dangereux: ce qui décida à permettre qu'on le perdît. Mais il n'y avait pas moyen. Il revenait toujours. Ses nouveaux maîtres l'enchaînèrent au piquet; piquet, chaînes, il arracha tout, rapporta tout à la maison. C'était trop pour mon père; il ne put jamais le quitter.*

« *Plus que les chiens encore, les chats étaient dans sa faveur. Cela tenait à son éducation, aux cruelles années du collége; son frère et lui, battus et rebutés, entre les duretés de la famille et les cruautés de l'école, avaient eu deux chats pour consolateurs. Cette prédilection passa dans la famille; chacun de nous, enfant, avait son chat. La réunion était belle au foyer: tous, en grande fourrure, siégeant dignement sous les chaises de leurs jeunes maîtres. Un seul manquait au cercle : c'était un malheureux, trop laid pour figurer avec les autres; il en avait conscience et se tenait à part, dans une timidité sauvage que rien ne pouvait vaincre. Comme en toute réunion (triste malignité de notre nature!) il faut un plastron, un souffre-douleur sur qui tombent les coups, il remplissait ce rôle. Si ce n'étaient des coups, du moins c'étaient des moqueries : on l'appelait Moquo. Infirme et mal fourni de poil, plus que les autres il eût eu besoin du foyer; mais les enfants lui faisaient peur; ses camarades mêmes, mieux fourrés dans leur chaude hermine, semblaient n'en faire grand cas et le regarder de travers. Il fallait que mon père allât à lui, le prît; le reconnaissant animal se couchait sous cette main aimée et prenait confiance. Enveloppé de son habit et réchauffé de sa chaleur, lui aussi il venait, invisible, au foyer. Nous le distinguions bien; et, s'il passait un poil, un bout d'oreille, les rires et les regards le menaçaient, malgré mon père. Je vois encore cette ombre se ramasser, se fondre, pour ainsi dire, dans le sein de son protecteur, fermant les yeux, et s'anéantissant, préférant ne rien voir.*

« Tout ce que j'ai lu des Indiens, de leur tendresse pour la nature, me rappelle mon père. C'était un brame. Plus que les brames même, il aimait toute chose vivante. Il avait vécu dans un temps de sang et de guerre, il avait été témoin des plus grandes destructions d'hommes qui se soient faites jamais, et il semblait que cette prodigalité terrible du bien irréparable qui est la vie lui avait donné le respect de toute vie, une aversion insurmontable pour toute destruction.

« Cela, en lui, était au point qu'il eût voulu pouvoir se nourrir uniquement de végétaux. Jamais de viande sanglante : elle lui faisait horreur. A peine un morceau de poulet, ou bien un œuf ou deux pour son dîner. Et souvent il dînait debout.

« Ce régime était loin de le fortifier. Il ne se ménageait pas davantage, dépensant largement en leçons, en conversations, et dans l'épanchement habituel d'un cœur trop bienveillant qui vivait en tous, s'intéressait à tous. L'âge venait, et quelques chagrins : de la famille? non; mais des voisins jaloux, ou des débiteurs peu fidèles. La crise des banques américaines lui porta coup dans sa for-

tune. Il prit la résolution extrême, malgré sa santé et son âge, d'aller encore une fois en Amérique, comptant que son activité personnelle et ses soins rétabliraient les choses et assureraient le sort de sa femme et de ses enfants.

« *Ce départ fut terrible. Un autre coup le précédait pour moi. J'avais quitté la maison, la campagne; j'étais entrée dans une pension de la ville. Cruel servage qui m'ôtait à la fois tout ce qui avait fait ma vie, l'air même et la respiration. Partout des murs. J'en serais morte, sans les visites fréquentes de ma mère et celles plus rares de mon père que j'attendais dans une impatience délirante, que peut-être n'eut jamais l'amour. Mais voici que mon père s'en va lui-même. Terre et ciel, tout s'abîme. De quelque espoir de réunion qu'on me berçât, une voix intérieure, nette et terrible, comme on l'a dans les grandes circonstances, me disait qu'il ne reviendrait plus.*

« *La maison fut vendue, et nos plantations, faites par nous, nos arbres, qui étaient de la famille, abandonnés. Nos animaux, visiblement, restaient inconsolables du départ de mon père. Le chien, je ne sais combien de jours, s'en allait asseoir sur la route qu'il avait suivie en partant, hurlait et revenait. Le plus déshérité de tous, le chat Moquo, ne se fia plus à personne; il vint encore furtivement regarder la place vide. Puis il prit son parti, s'enfuit aux bois sans que nous puissions jamais le rappeler; il reprit la vie de son enfance, misérable et sauvage.*

« Et moi aussi, je quittai le toit paternel, le foyer de mes jeunes ans, blessée pour toujours. Ma mère, ma sœur, mes frères, les douces amitiés de l'enfance disparurent derrière moi. J'entrai dans une vie d'épreuves et d'isolement. A Bayonne pourtant, où je vécus d'abord, la mer de Biarritz me parlait de mon père; la vague qui s'y brise, d'Amérique en Europe, me répétait sa mort; les blancs oiseaux de mer semblaient me dire : « Nous l'avons « vu. »

« Que me restait-il? Mon climat et ma terre natale, ma langue. Je perdis tout cela. Il me fallut aller au Nord, dans une langue inconnue et sous un ciel hostile, où la terre est six mois en deuil. Pendant ces longues neiges, ma santé défaillante éteignant l'imagination, j'avais peine à me recréer mon Midi idéal. Un chien m'eût un peu consolée; au défaut, je me fis deux petites amies, ressemblantes, à s'y tromper, aux tourterelles de ma mère. Elles me connaissaient, m'aimaient, jouaient à

mon foyer; je leur donnais l'été que n'avait pas mon cœur.

« *Profondément atteinte, je devins très-malade et crus toucher l'autre rivage. Quelque attentive et bonne que pût être pour moi l'hospitalité étrangère, il me fallut rentrer en France. Les soins affectueux, un mariage où je retrouvai le cœur et les bras paternels, furent longs à me remettre. J'avais vu la mort de si près, disons mieux, j'y étais entrée si loin, que la nature elle-même, la nature vivante, ce premier amour et ce ravissement de mes jeunes années, eut longtemps peu de prise, et elle seule en eût eu. Rien n'y eût suppléé. L'histoire et les récits du mouvant drame humain effleuraient mon esprit; rien n'y influait fortement que l'immuable, Dieu et la nature.*

« *Elle est immuable et mobile: c'est son charme éternel. Son activité infatigable, sa fantasmagorie de tout instant ne trouble point, n'agite point; ce mouvement harmonique porte en soi un repos profond.*

« *J'y revins par les fleurs, par les soins qu'elles demandent et l'espèce de maternité qu'elles sollicitent. Mon imperceptible jardin de douze arbres et trois plates-bandes n'étaient pas sans me rappeler le grand verger fécond où je suis née; et je trouvais aussi quelque douceur, près d'un esprit ardent, hâlé aux longues routes, aux déserts de l'histoire humaine, à lui ménager ces eaux vives et le charme de quelques fleurs.* »

Je reprends.

Me voilà arraché de la ville par cette chère inquiétude, par mes craintes pour une malade qu'il s'agissait de replacer dans les conditions de son premier âge et dans l'air libre de la campagne. Je quittai Paris, ma ville, que je n'avais jamais quittée, cette ville qui contient les trois mondes, ce foyer d'art et de pensée.

J'y retournais tous les jours pour les devoirs et les affaires; mais je me hâtais de rentrer. Ses bruits, son roulement lointain, le coup et le contre-coup des révolutions avortées m'engageaient à aller plus loin. Ce fut très-volontiers qu'au printemps de 1852, je me détachai, je rompis avec toutes mes habitudes; j'enfermai ma bibliothèque avec une joie amère, je mis sous la clef mes livres, les compagnons de ma vie, qui avaient cru certainement me tenir pour toujours. J'allai tant que terre me porta, et ne m'arrêtai qu'à Nantes, non loin de la mer, sur une colline qui voit les eaux jaunes de Bretagne aller joindre, dans la Loire, les eaux grises de Vendée.

Nous nous établîmes dans une grande maison de campagne, parfaitement isolée, au milieu des pluies constantes dont nos plages de l'Ouest sont noyées en cette saison. A cette distance de la mer, on n'en a pas l'influence saline; les pluies sont des tempêtes d'eau douce. La maison, du style Louis XV, inhabitée et fermée depuis longtemps, semblait d'abord un peu triste. Assise dans un lieu élevé, elle n'en était pas moins assombrie, d'un côté par d'épaisses charmilles, de l'autre par de grands arbres et par un nombre infini de cerisiers non taillés. Le tout, sur un vert gazon, que les eaux sans écoulement maintenaient, même en été, dans un bel état de fraîcheur.

J'adore les jardins négligés, et celui-ci me rappelait les grandes *vignes* abandonnées des villas italiennes; mais ce que n'ont pas ces villas, c'était un charmant pêle-mêle de légumes et de plantes de mille espèces; *toutes les herbes de la*

Saint-Jean, et chaque herbe, haute et forte. Cette forêt de cerisiers, qui rompaient sous leurs fruits rouges, donnait aussi l'idée d'une abondance inépuisable.

Ce n'était pas le *soave austero* de l'Italie, c'était une efflorescence molle et débordante, sous un ciel humide, tiède et doux.

De vue, aucune, quoiqu'une grande ville fût tout près,

et qu'une petite rivière, l'Erdre, passât sous la colline, d'où elle se traîne à la Loire. Mais ce luxe végétal, cette forêt vierge d'arbres fruitiers ôtait toute perspective. Pour voir, il fallait monter dans une sorte de tourelle, d'où le paysage commence à se révéler dans une certaine grandeur, avec ses bois et ses prairies, ses monuments lointains, ses tours. De cet observatoire même, la vue était encore limitée, la cité n'apparaissant que de profil, sans laisser apercevoir son fleuve immense, ses îles, son mouvement de navigation et de commerce. A deux pas de ce grand port que rien ne fait soupçonner, on se croirait dans un désert, dans les landes de la Bretagne ou les clairières de la Vendée.

Deux choses étaient grandioses et se détachaient de ce verger sombre. En perçant les vieilles charmilles et des allées de châtaigniers, on arrivait dans un coin de terrain argileux, stérile, d'où, parmi des lauriers-thyms et autres arbres fort rudes, s'élançait un cèdre énorme, vraie cathédrale végétale, telle, qu'un cyprès déjà très-haut y était étouffé, perdu. Ce cèdre, au-dessous dépouillé et chauve, était vivant, vigoureux du côté de la lumière; ses bras immenses, à trente pieds, commençaient à se vêtir de rares et piquantes feuilles; puis s'épaississait la voûte; la flèche devait atteindre environ à quatre-vingts pieds. On la voyait de trois lieues, des campagnes opposées des bords de la Sèvre nantaise et des bois de la Vendée. Notre asile, bas et tapi à côté de ce géant, n'en était pas moins signalé par lui dans un rayonnement immense, et peut-être lui devait-il son nom : la Haute-Forêt.

A l'autre bout de l'enclos, sur une profonde pièce d'eau,

s'élevait un monticule, couronné d'un bouquet de pins. Ces beaux arbres, incessamment balancés au vent de mer, battus des vents opposés qui suivent les courants du grand fleuve

et de ses deux rivières, gémissaient de ce combat, et jour et nuit animaient le profond silence du lieu d'une mélancolique harmonie. Parfois, on se fût cru en mer : ils imitaient le bruit des lames, celui du flux et du reflux.

A mesure que la saison devint un peu moins humide, ce séjour m'apparut dans son caractère réel, sérieux, mais plus varié qu'on n'eût cru au premier coup d'œil, beau, d'une beauté touchante, qui peu à peu va à l'âme. Austère comme devait l'être la porte de la Bretagne, il avait la luxuriante verdure du côté vendéen.

J'aurais pu croire, en voyant les grenadiers en pleine terre, vigoureux et chargés de fleurs, que j'étais dans le Midi. Le magnolia, non chétif comme on le voit ailleurs, mais splendide, magnifique et à l'état de grand arbre, parfumait tout mon jardin de ses énormes fleurs blanches, qui dans leur épais calice contiennent en abondance je ne sais quelle huile suave, pénétrante, dont l'odeur vous suit partout; vous en êtes enveloppé.

Nous nous trouvions cette fois avoir un vrai jardin, un grand ménage, mille occupations domestiques dont jusque-là nous étions dispensés. Une sauvage fille bretonne n'aidait qu'aux choses grossières. Sauf une course par semaine que je faisais à la ville, nous étions fort solitaires, mais dans une solitude extrêmement occupée : levés de très-grand matin, au premier réveil des oiseaux, et même avant le jour. Il est vrai que nous nous couchions de bonne heure et presque avec eux.

Cette abondance de fruits, de légumes, de plantes de toute sorte, nous permettait d'avoir beaucoup d'animaux domestiques : seulement, la difficulté était que les nourrissant, les connaissant un à un, et parfaitement connus d'eux, nous ne pouvions guère les manger. Nous plantions, et là nous trouvions un inconvénient tout contraire : presque toujours nos plantations étaient dévorées d'avance.

Cette terre, féconde en végétaux, l'était autant ou davantage en animaux destructeurs : limaces énormes et gloutonnes, dévorants insectes. Le matin, on recueillait un grand baquet de limaçons. Le lendemain, il n'y paraissait pas. Ils semblaient au grand complet.

Nos poules travaillaient de leur mieux. Mais combien plus efficace eût été l'habile et prudente cigogne, l'expurgateur admirable de la Hollande et de tous les lieux humides, que nos contrées de l'Ouest devraient à tout prix adopter ! On sait l'affectueux respect des Hollandais pour cet excellent oiseau. Dans leurs marchés, on le voit paisible, debout sur une patte, rêvant au milieu de la foule, se sentant aussi en sûreté qu'au sein des plus profonds déserts. Chose bizarre, mais très-certaine, le paysan hollandais qui parfois a eu le malheur de blesser sa cigogne et de lui casser la patte lui en met une de bois.

Pour revenir, ce séjour de Nantes eût été d'un charme

infini pour un esprit moins absorbé. Ce beau lieu, cette grande liberté de travail, cette solitude si douce dans une telle société, c'était une harmonie rare, comme on ne la rencontre presque jamais dans la vie. Cette douceur contrastait fortement avec les pensées du présent, avec le sombre passé qui alors occupait ma plume. J'écrivais 93.

L'héroïque et funèbre histoire m'enveloppait, me possédait, le dirai-je? me consumait. Tous les éléments de bonheur que j'avais autour de moi, que je sacrifiais au travail, les ajournant pour un temps qui, selon toute apparence, devait m'être refusé, je les regrettais jour par jour, et j'y reportais sans cesse un triste regard. C'était un combat journalier de l'affection et de la nature contre les sombres pensées du monde de l'homme.

Ce combat même sera toujours pour moi un attachant souvenir. Le lieu m'est resté sacré en pensée. Il n'existe plus autrement. La maison est détruite, une autre bâtie à la place. Et c'est pour cela que je m'y suis arrêté un peu. Mon cèdre pourtant a survécu : chose rare, car les architectes ont la haine des arbres, en ce temps.

Quand j'approchai cependant de la fin de mon travail, quelques ombres s'éclaircirent de cette nuit sauvage. Mes tristesses étaient moins amères, sûr que j'étais désormais de laisser ce monument de cruelle, mais féconde expérience. Je recommençai à entendre les voix de la solitude, et mieux, je crois, qu'à tout autre âge, mais lentement, et d'une oreille inaccoutumée, comme celui qui serait mort quelque temps et reviendrait de là-bas.

Jeune, avant d'être saisi par cette implacable histoire, j'avais senti la nature, mais d'une chaleur aveugle, d'un cœur moins tendre qu'ardent. Plus récemment, établi dans la banlieue de Paris, ce sentiment m'avait repris. J'avais vu, non sans intérêt, mes fleurs maladives dans ce sol aride, si sensibles tous les soirs au bonheur de l'arrosement, visiblement reconnaissantes. Combien davantage à Nantes, entouré d'une nature si puissante et si féconde, voyant l'herbe pousser d'heure en heure et toute vie animale multiplier autour de moi, ne devais-je pas, moi aussi, germer et revivre de ce sentiment nouveau!

Si quelque chose eût pu y rappeler mon esprit et rompre le sombre enchantement, c'eût été une lecture que parfois nous faisions le soir, les *Oiseaux de France*, de Toussenel, heureuse et charmante transition de la pensée nationale à celle de la nature.

Tant qu'il y aura une France, son Alouette et son Rouge-Gorge, son Bouvreuil, son Hirondelle, seront insatiablement lus, relus, redits. Et s'il n'y avait plus de France, dans ces pages ingénieuses nous retrouverions encore ce que nous eûmes de meilleur, la vraie senteur de cette terre, le sens gaulois, l'esprit français, l'âme même de notre patrie.

Les formules d'un système qu'il porte, au reste, légèrement, des rapprochements cherchés (qui parfois feraient penser aux trop spirituels animaux de Granville), n'empêchent pas que l'âme française, gaie, bonne, sereine et courageuse, jeune comme un soleil d'avril, n'illumine partout ce livre. Il y a des traits enlevés avec le bonheur, l'élan, le coup de gosier de l'alouette au premier jour du printemps.

Ajoutez une chose très-belle qui n'est pas de la jeunesse. L'auteur, enfant de la Meuse, et d'un pays de chasseurs, lui-même dans son premier âge chasseur ardent, passionné, paraît modifié par son livre. Il oscille visiblement entre ses premières habitudes de jeunesse meurtrière, et son sentiment nouveau, sa tendresse pour ces vies touchantes qu'il découvre, pour ces âmes, ces personnes reconnues par lui. J'ose dire que désormais il ne chassera pas sans remords. Père et second créateur de ce monde d'amour et d'innocence, il trouvera entre eux et lui une barrière de compassion. Et quelle? Son œuvre elle-même, le livre où il les vivifie.

Je commençais mon livre à peine, lorsqu'il me fallut quitter Nantes. Moi aussi, j'étais malade. L'humidité du climat, le travail âpre et soutenu, et bien plus encore, sans doute, le combat de mes pensées, semblaient avoir atteint en moi ce nerf de vitalité sur lequel rien n'eut jamais prise. Le chemin que nos hirondelles nous traçaient, nous le suivîmes, nous nous en allâmes au midi. Nous posâmes notre nid mobile dans un pli des Apennins, à deux lieues de Gênes.

Admirable situation, abri défendu, réservé, qui, sur cette côte d'un climat variable, garde l'étonnant privilége d'une température identique. Quoiqu'on ne pût se passer entièrement de feu, le soleil d'hiver, chaud en janvier, encourageait le lézard et le malade, et les faisait croire au printemps. Le dirai-je, cependant? ces orangers, ces citronniers, harmoniques dans leur immuable feuillage à l'immuable bleu de ciel, n'étaient pas sans monotonie. La vie animée y était infiniment rare. Peu ou point de petits oiseaux; nul oiseau de mer. Le poisson, fort rare, n'anime pas ces eaux transparentes. Je les perçais du regard à une grande profondeur, sans rien voir que la solitude, et les rochers blancs et noirs qui sont le fond de ce golfe de marbre.

Cette côte, extrêmement étroite, n'est qu'une petite corniche, un extrême petit bord, un simple *sourcil* de la montagne, comme auraient dit les Latins. En gravir l'échelle pour dominer le golfe, c'est même pour les bien portants une violente gymnastique. J'avais pour toute promenade un petit quai, ou plutôt un scabreux chemin de ronde qui serpente toujours serré, et le plus souvent de trois pieds de large, entre les vieux murs de jardins, les écueils et les précipices.

Profond était le silence, la mer brillante, mais seule, monotone, sauf le passage de quelques barques lointaines.

Le travail m'était interdit; pour la première fois depuis trente ans, j'étais séparé de ma plume, sorti de la vie d'encre et de papier dont j'avais toujours vécu. Cette halte, que je croyais stérile, me fut très-féconde en réalité. Je regardai, j'observai. Des voix inconnues s'éveillèrent en moi.

Assez éloignés de Gênes et des excellents amis que nous y avions, notre société unique était avec le petit peuple des lézards qui courent sur les rocs, se jouent et dorment au soleil. Charmants, innocents animaux qui tous les jours à midi, lorsqu'on dîne et que le quai est absolument désert, m'amusaient de leurs vives et gracieuses évolutions. Ma présence, au commencement, leur paraissait inquiétante ; mais huit jours n'étaient pas passés que tous, même les plus jeunes, me connaissaient et savaient qu'ils n'avaient rien à redouter du paisible rêveur.

Tel l'animal et tel l'homme. La sobre vie de mes lézards, pour qui une mouche était un ample banquet, ne différait en rien de celle de la *povera gente* de la côte. Plusieurs faisaient cuire de l'herbe. Mais l'herbe n'était pas commune, dans la montagne aride et décharnée. Le dénûment de la contrée était au delà de ce qu'on peut croire. Je ne me fâchai nullement d'y participer, de me trouver harmonisé aux misères de l'Italie, ma glorieuse nourrice qui a élevé la France et moi-même plus qu'aucun Français.

Nourrice? Elle l'était toujours, autant qu'elle pouvait l'être dans sa pauvreté de ressources, dans la pauvreté de nature où ma santé me réduisait. Incapable d'aliments, je recevais d'elle encore la seule nourriture que je supportasse, l'air vivifiant et la lumière, ce soleil qui permettait, dans un des grands hivers du siècle, d'avoir souvent la fenêtre ouverte en janvier.

Toute ma préoccupation, dans l'oisive vie de lézard que je menais sur ce rivage, fut celle de la contrée, de cette vieillesse apparente de l'Apennin et des montagnes qui entourent la Méditerranée. Serait-elle donc sans remède? ou bien, dans leurs flancs déboisés, retrouverait-on les sources qui peuvent recommencer la vie? Telle fut l'idée qui m'absorba. Je ne pensai plus à mon mal; je ne songeai plus à guérir. Grand progrès pour un malade : je m'oubliai. Mon affaire était désormais de ressusciter ce grand malade, l'Apennin. A mesure qu'on me démontra qu'il n'était pas désespéré, que ses eaux étaient cachées, non perdues, qu'en les retrouvant on pourrait y renouveler les végétaux, et par suite la vie animale, je m'en sentis mieux moi-même, rafraîchi et renouvelé. A chaque source qu'on lui retrouvait, je fus aussi moins altéré; je crus les sentir sourdre en moi.

Féconde est toujours l'Italie. Elle le fut pour moi par son dénûment et sa pauvreté. L'âpreté du chauve Apennin, cette famélique côte ligurienne, éveillèrent, par le contraste, la pensée de la nature plus que n'avait fait la richesse luxuriante de notre France occidentale. Les animaux me manquèrent; j'en sentis l'absence. Au silencieux feuillage des sombres jardins d'orangers je demandais l'oiseau des bois. Je sentis pour la première fois que la vie humaine devient sérieuse dès que l'homme n'est plus entouré de la grande société des êtres innocents dont le mouvement, les voix et les jeux sont comme le sourire de la création.

Une révolution se fit en moi, que je raconterai peut-être un jour. Je revins, de toutes les forces de mon existence malade, aux pensées que j'avais émises, en 1846, dans le livre du *Peuple,* à cette Cité de Dieu, où tous les humbles, les simples, paysans et ouvriers, ignorants et illettrés, barbares et sauvages, enfants, même encore ces autres enfants que nous appelons animaux, sont tous citoyens à différents titres, ont tous leur droit et leur loi, leur place au grand banquet civique. « Je proteste, pour ma part, que s'il reste quelqu'un derrière que la Cité repousse encore et n'abrite point de son droit, moi je n'y entrerai point et m'arrêterai au seuil. »

Ainsi, toute l'Histoire naturelle m'avait apparu alors comme une branche de la politique. Toutes les espèces vivantes arrivaient, dans leur humble droit, frappant à la porte pour se faire admettre au sein de la Démocratie. Pourquoi les frères supérieurs repousseraient-ils hors des lois ceux que le Père universel harmonise dans la loi du monde?

Telle fut donc ma rénovation, cette tardive *vita nuova*

qui m'amena peu à peu aux sciences naturelles. L'Italie, qui a été toujours pour beaucoup dans ma destinée, en fut le lieu, l'occasion, de même que, trente ans plus tôt, elle m'avait donné (par Vico) la première étincelle historique.

Chère et bienfaisante nourrice! Pour avoir un moment partagé ses misères, souffert, rêvé avec elle, elle me donna la chose sans prix, qui vaut plus que tous les diamants. Quelle? Un profond accord d'esprit, une communication féconde des plus intimes pensées, une parfaite harmonie du foyer dans la pensée de la Nature.

Nous y entrions par deux routes : moi, par l'amour de la Cité, par l'effort de la compléter en m'y associant tous les êtres; elle, par l'idée religieuse et par l'amour filial pour la maternité de Dieu.

Dès ce temps nous pûmes, chaque soir, mettre en commun notre banquet.

J'ai déjà dit comment cette œuvre s'enrichissait à notre insu, fécondée, chemin faisant, par nos modestes auxiliaires. Ils l'ont presque toujours dictée.

Ce que nos fleurs de Paris avaient préparé, nos oiseaux de Nantes le firent. Certain rossignol dont je parle à la fin du livre en fut le couronnement.

Ces impressions diverses vinrent se réunir et se fondre, dans notre sérieux retour en France, et surtout ici, devant l'Océan. Au promontoire de la Hève, sous les vieux ormes qui le dominent, cette révélation s'acheva. Les goëlands de la côte, les petits oiseaux du bois, ne dirent rien qui ne fût compris. Toutes ces choses résonnaient en nous, comme autant de voix intérieures.

Le phare, la grande falaise, de trois ou quatre cents pieds, qui regardent de si haut la vaste embouchure de la Seine, le Calvados et l'Océan, c'était le but ordinaire de nos promenades et notre point de repos. Nous y montions le plus souvent par un chemin profond, couvert, plein de fraîcheur et d'obscurité, qui aboutit tout à coup à cette lumière immense. Parfois aussi nous gravissions le colossal escalier qui, sans surprise, en plein soleil, toujours devant la grande mer, mène au sommet en trois gradins, dont chacun a plus de cent pieds. Cette ascension ne se faisait pas d'une haleine; au second gradin, on respirait, on s'asseyait quelques minutes au monument que la veuve d'un des grands soldats de la France a élevé à sa mémoire, dans l'idée que la pyramide pourrait avertir les marins et leur sauver quelque naufrage.

Cette falaise, fort sablonneuse, perd un peu à chaque hiver; ce n'est pas la mer qui la ronge; les grandes pluies la délavent, en emportent des débris, qui, d'abord nus et informes, témoignent de l'éboulement. Mais la Nature, compatissante et gracieuse, ne le souffre pas. Elle les habille bientôt, leur accorde quelque verdure, gazon, herbes, ronces, arbustes, qui peu à peu sont, à mi-côte, des oasis en miniature, paysages lilliputiens pendus à la grande falaise, et qui de leur jeunesse consolent sa triste nudité.

Ainsi le joli, le sublime, chose rare, s'embrassent ici. La montagne, battue des orages, vous conte l'épopée de la terre, sa rude et dramatique histoire, et, pour témoins, montre ses os. Mais ces jeunes enfants de hasard, qui germent de son flanc aride, prouvent qu'elle est toujours féconde, que les débris sont l'élément d'une organisation nouvelle, et toute mort une vie commencée.

Aussi jamais ces ruines ne nous ont donné de tristesse. Nous y parlions volontiers de destinée, de providence, de mort, de vie à venir. Moi qui ai droit de mourir et par l'âge et par les travaux, elle, le front déjà incliné par les épreuves d'enfance et par la sagesse avant l'heure, nous n'en vivions pas moins d'un grand souffle d'âme, de la rajeunissante haleine de cette mère aimée, la Nature.

Issus d'elle si loin l'un de l'autre, si unis en elle aujourd'hui, nous aurions voulu fixer ce rare moment de l'existence, « jeter l'ancre sur l'île du temps. » Et comment l'aurions-nous mieux fait que par cette œuvre de tendresse, de fraternité universelle, d'adoption de toute vie?

Elle m'y rappelait sans cesse, agrandissant mes sentiments de tendresse individuelle par l'interprétation facile, gaie, émue, de l'âme de la contrée et des voix de la solitude.

C'est alors, entre autres choses, que je commençai à entendre les oiseaux qui chantent peu, mais parlent, comme les hirondelles, jasent du beau temps, de la chasse, de nourriture rare ou commune, ou de leur prochain départ, enfin de toutes leurs affaires. Je les avais écoutées à Nantes en octobre, à Turin en juin. Leurs causeries de septembre étaient plus claires à la Hève. Nous les traduisions couramment, dans leur douce vivacité, dans cette joie de jeunesse et de bonne humeur, sans éclat et sans saillie, conforme à l'heureux équilibre d'un oiseau si libre et si sage, qui semble, non sans gratitude, reconnaître qu'il reçut de Dieu une part si notable au bonheur.

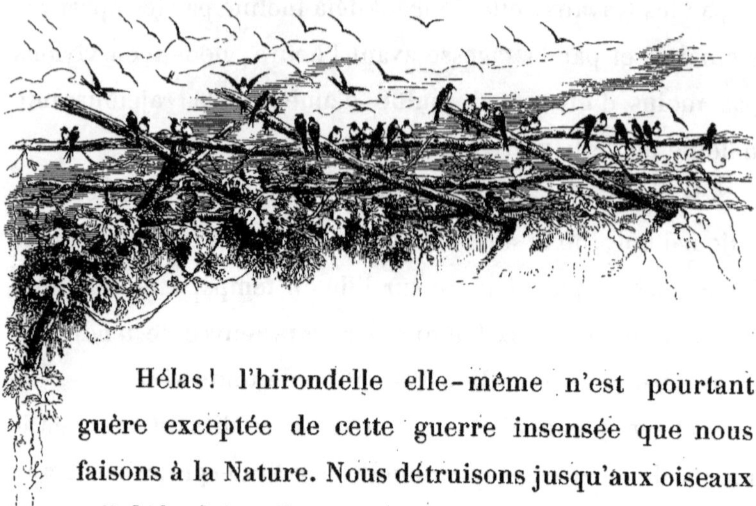

Hélas! l'hirondelle elle-même n'est pourtant guère exceptée de cette guerre insensée que nous faisons à la Nature. Nous détruisons jusqu'aux oiseaux qui défendaient les moissons, nos gardiens, nos bons ouvriers, qui, suivant de près la charrue, saisissent le futur destructeur que l'insouciant paysan remue, mais remet dans la terre.

Des races entières périssent, importantes, intéressantes. Les premiers de l'Océan, les êtres doux et sensibles à qui la Nature donna le sang et le lait (je parle des cétacés), à quel nombre sont-ils réduits? Beaucoup de grands quadrupèdes ont disparu de ce globe. Beaucoup d'animaux de tout genre, sans disparaître entièrement, ont reculé devant l'homme; ils fuient ensauvagés, perdent leurs arts naturels et retombent à l'état barbare. Le héron, noté par Aristote pour son adresse et sa prudence, est maintenant (du moins en Europe) un animal misanthrope, borné, de peu de sens.

Le castor, qui, en Amérique, dans sa paisible solitude, était devenu architecte, ingénieur, s'est découragé; il fait à peine aujourd'hui des trous dans la terre. Le lièvre, si bon, si beau, original par sa fourrure, sa célérité, la finesse extraordinaire de l'ouïe, aura bientôt disparu; le peu qui reste est abruti. Et pourtant le pauvre animal est encore docile, éducable; avec de bons traitements, on peut lui apprendre les choses les plus contraires à sa nature, celles même qui demandent du courage.

Ces pensées que d'autres ont écrites et bien mieux, nous, nous les eûmes au cœur. Elles ont été notre aliment, notre rêve habituel, couvé pendant ces deux années, en Bretagne, en Italie; c'est ici qu'elles sont devenues, dirai-je un livre? un fruit vivant? A la Hève, il nous apparut dans son idée chaleureuse, celle de la primitive alliance que Dieu a faite entre les êtres, du pacte d'amour qu'a mis la Mère universelle entre ses enfants.

La classe ailée, la plus haute, la plus tendre, la plus sympathique à l'homme, est celle que l'homme aujourd'hui poursuit le plus cruellement.

Que faut-il pour la protéger? Révéler l'oiseau comme âme, montrer qu'il est une personne.

L'oiseau donc, *un seul oiseau*, c'est tout le livre, mais à travers les variétés de la destinée, se faisant, s'accommodant aux mille conditions de la terre, aux mille vocations de la vie ailée. Sans connaître les systèmes plus ou moins ingénieux de transformations, le cœur unifie son objet; il ne se laisse arrêter ni par la diversité extérieure des espèces, ni par la mort qui semble rompre le fil. La mort survient, rude et cruelle, dans ce livre, en plein cours de vie, mais comme accident passager : la vie n'en continue pas moins.

Les agents de la mort, les espèces meurtrières, tellement glorifiées par l'homme, qui y reconnaît son image, se trouvent ici replacées fort bas dans la hiérarchie, remises au rang que leur doit la raison. Elles sont les plus grossières dans les deux arts de l'oiseau, pour le nid et pour le chant. Tristes instruments du fatal passage, elles apparaissent au milieu de ce livre comme les ministres aveugles de la Nature en sa plus dure nécessité.

Mais la haute lumière de vie, l'art dans sa première étincelle n'apparaît qu'en les plus petits. Aux petits oiseaux sans éclat, d'une robe modeste et sombre, l'art commence, et, sur certains points, monte plus haut que la sphère de l'homme. Loin d'égaler le rossignol, on n'a pu encore le noter, ni se rendre compte da sa chanson sublime.

Donc, l'aigle est détrôné ici, le rossignol intronisé. Dans le *crescendo* moral où va l'oiseau se formant peu à peu, la cime et le point suprême se trouvent naturellement, non dans une force brutale, si aisément dépassée par l'homme, mais dans une puissance d'art, de cœur et d'aspiration, où l'homme n'a pas atteint, et qui, par delà ce monde. le transporte par moment dans les mondes ultérieurs.

Haute justice, et vraiment juste, parce qu'elle est clairvoyante et tendre! Faible sur bien des points sans doute, ce livre est fort de tendresse et de foi. Il est un, constant et fidèle. Rien ne le fait dévier. Par-dessus la mort et son faux divorce, à travers la vie et ses masques qui déguisent l'unité, il vole, il aime à tire-d'aile, du nid au nid, de l'œuf à l'œuf, de l'amour à l'amour de Dieu.

A la Hève, près le Havre, 21 septembre 1855.

PARTIE

L'ŒUF
C. LAPLANTE. SC

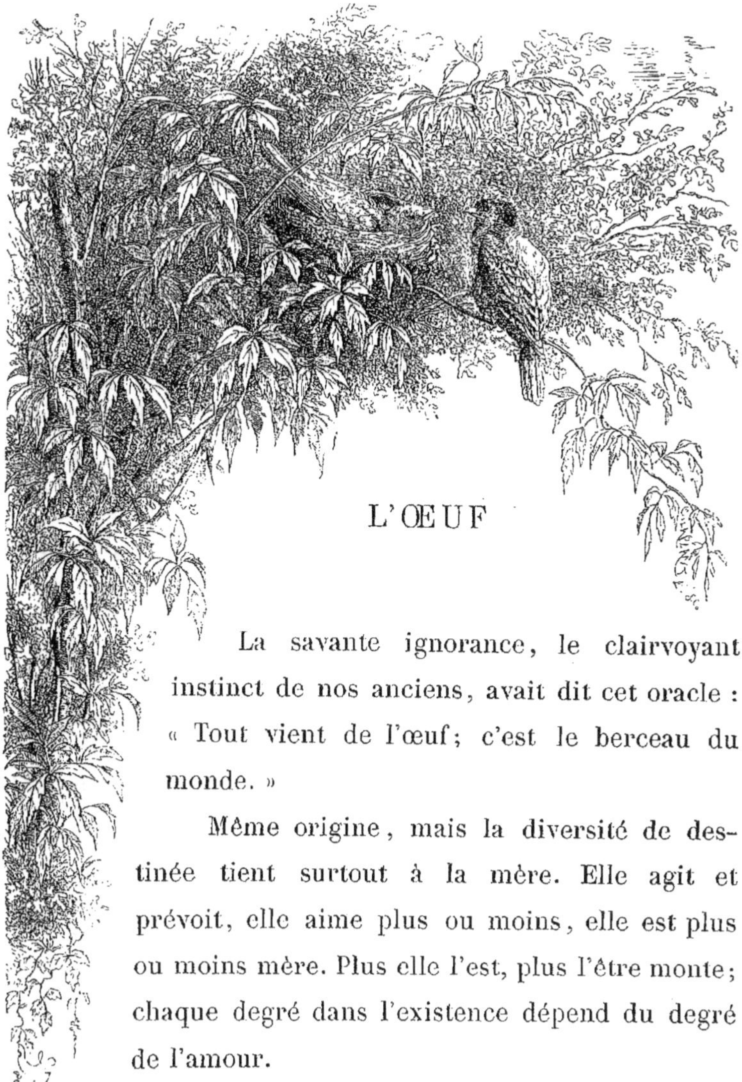

L'ŒUF

La savante ignorance, le clairvoyant instinct de nos anciens, avait dit cet oracle : « Tout vient de l'œuf; c'est le berceau du monde. »

Même origine, mais la diversité de destinée tient surtout à la mère. Elle agit et prévoit, elle aime plus ou moins, elle est plus ou moins mère. Plus elle l'est, plus l'être monte; chaque degré dans l'existence dépend du degré de l'amour.

Que peut la mère dans l'existence mobile du poisson? Rien que confier son œuf à l'Océan. Que peut-elle dans le monde des insectes, où généralement elle meurt quand elle a donné l'œuf? Lui trouver, avant de mourir, un lieu sûr pour éclore et vivre.

Même chez l'animal supérieur, le quadrupède, où la chaleur du sang semble devoir troubler l'amour, où la mère elle-même est si longtemps pour le petit son nid et sa douce maison, les soins de la maternité sont d'autant moindres. Il naît formé, vêtu, tout semblable à sa mère; un lait tout prêt l'attend. Et dans beaucoup d'espèces, l'éducation se fait sans que la mère s'en donne plus de soucis qu'elle n'en eut alors qu'il croissait dans son sein.

Autre est le destin de l'oiseau. Il mourrait, s'il n'était aimé.

Aimé? Toute mère aime, de l'Océan jusqu'aux étoiles. Mais je veux dire soigné, entouré d'amour infini, enveloppé de la chaleur du magnétisme maternel.

Même dans l'œuf où vous le voyez garanti par cette coquille calcaire, il sent si vivement les atteintes de l'air, que tout point refroidi dans l'œuf coûte un membre au futur oiseau. De là, le long travail, si inquiet, de l'incubation, la captivité volontaire, l'immobilisation du plus mobile des êtres. Et tout cela très-douloureux! une pierre pressée si longtemps sur le cœur, sur la chair, souvent la chair vive!

Il naît, mais il est nu. Tandis que le petit quadrupède, habillé dès son premier jour, rampe, marche déjà, le jeune oiseau (surtout dans les espèces supérieures) gît sans duvet, immobile sur le dos. C'est non-seulement en le couvant, mais en le frottant soigneusement, que la mère entretient, suscite la chaleur. Le poulain sait teter et se nourrir très-bien lui-même; le petit oiseau doit attendre que la mère cherche, choisisse, prépare la nourriture. Elle ne peut quitter; le père y suppléera : voilà la vraie famille, la fidélité dans l'amour, et la première lueur morale.

Je ne dirai rien ici d'une éducation prolongée, très-spéciale et très-hasardeuse, celle du vol. Rien non plus de celle du chant, si délicate chez les oiseaux artistes. Le quadrupède sait bientôt ce qu'il saura; tel galope en naissant; et, s'il fait quelque chute, est-ce même chose, dites-moi, de tomber sans danger dans l'herbe, ou de se lancer dans les cieux?

Prenons l'œuf en nos mains. Cette forme elliptique, la plus compréhensible, la plus belle, celle qui offre le moins de prise à l'attaque extérieure, donne l'idée d'un petit monde complet, d'une harmonie totale à laquelle on n'ôtera rien, on n'ajoutera rien. Les choses inorganiques n'affectent guère cette forme parfaite. Je pressens qu'il y a sous l'apparence inerte un haut mystère de vie et quelque œuvre accomplie de Dieu.

Quelle est-elle, et que doit-il sortir de là? Je ne le sais. Mais elle le sait bien, celle qui, les ailes épandues, frémissante, l'embrasse et le mûrit de sa chaleur; celle qui jusque-là, libre et reine de l'air, vivait à son caprice, et, tout à coup captive, s'est immobilisée sur cet objet muet qu'on dirait une pierre et que rien ne révèle encore.

Ne parlez pas d'instinct aveugle. On verra par des faits combien cet instinct clairvoyant se modifie selon les circonstances, en d'autres termes, combien cette raison commencée diffère peu en nature de la haute raison humaine.

Oui, cette mère, par la pénétration, la clairvoyance de l'amour, sait, voit distinctement. A travers l'épaisse coquille calcaire où votre rude main ne sent rien, elle sent par un tact délicat l'être mystérieux qui s'y nourrit, s'y forme. C'est cette vue qui la soutient dans le dur labeur de l'incubation, dans sa captivité si longue. Elle le voit délicat et charmant dans son duvet d'enfance, et elle le prévoit, par l'espoir, tel qu'il sera, fort et hardi, quand, les ailes étendues, il regardera le soleil et volera contre les orages.

Profitons de ces jours. Ne hâtons rien. Contemplons à loisir cette image charmante de la rêverie maternelle, du second enfantement par lequel elle achève cet invisible objet d'amour, ce fils inconnu du désir.

Charmant spectacle, mais plus sublime encore. Soyons modeste ici. Chez nous la mère aime ce qui remue dans son sein, ce qu'elle touche, tient, enveloppe d'une possession certaine; elle aime la réalité sûre, agitée et mouvante qui répond à ses mouvements. Mais celle-ci aime l'avenir et l'inconnu; son cœur bat solitaire, et rien ne lui répond encore. Elle n'en aime pas moins, et se dévoue et souffre; elle souffrirait jusqu'à la mort par son rêve et sa foi.

Foi puissante, efficace. Elle accomplit un monde, et le plus étonnant peut-être. Ne me parlez pas des soleils, de la chimie élémentaire des globes. La merveille d'un œuf d'oiseau-mouche vaut autant que la voie lactée.

Comprenez que ce petit point que vous trouvez imperceptible, c'est un océan tout entier, la mer de lait où flotte en germe le bien-aimé du ciel. Il flotte, ne craignez le naufrage; les plus délicats ligaments le tiennent suspendu : les heurts, les chocs lui sont sauvés. Il nage tout doucement dans ce tiède élément, comme il fera dans l'air. Sécurité profonde, état parfait au sein d'une habitation nourrissante! et combien supérieure à tout allaitement!

Mais voilà que, dans ce sommeil divin, il a senti sa mère, sa chaleur magnétique. Et lui aussi, il se met à rêver. Son rêve est mouvement; il l'imite, se conforme à elle; son premier acte, acte d'amour obscur, est de lui ressembler.

« Ne sais-tu que l'amour change en lui ce qu'il aime? »

Et dès qu'il lui ressemble, il veut aller à elle. Il incline, il appuie plus près de la coquille, qui seule dès lors le sépare de sa mère. Alors, elle l'écoute; parfois elle est assez heureuse pour entendre déjà son premier *pipement*. Il ne restera guère. Il s'enhardit, prend son parti. Il a un bec et il s'en sert. Il frappe, il fêle, il fend le mur de sa prison. Il a des pieds et il s'en aide... Voilà le travail commencé... Son salaire est la délivrance : il entre dans la liberté.

Dire le ravissement, l'agitation, la prodigieuse inquiétude, tous les soins maternels, c'est ce que nous ne ferons pas ici; déjà nous venons de dire les difficultés de l'éducation.

L'oiseau n'est initié que par le temps et la tendresse. Supérieur par le vol, il l'est beaucoup plus en ceci, qu'il a eu un foyer et qu'il a vécu par sa mère ; alimenté par elle, et par son père émancipé, ce plus libre des êtres est le favori de l'amour.

Si l'on veut admirer la fécondité de la nature, la vigueur d'invention, la charmante richesse (effrayante, en un sens) qui d'une création identique tire par millions des miracles opposés, qu'on regarde cet œuf tout semblable à un autre, d'où pourtant jailliront les tribus infinies qui vont s'envoler par le monde.

De l'obscure unité, elle verse, elle épanche, en rayons innombrables et prodigieusement divergents, ces flammes ailées que vous nommez oiseaux, flamboyants d'ardeur et de vie, de couleur et de chant. De la main brûlante de Dieu échappe incessamment cet éventail immense de diversité foudroyante, où tout brille, où tout chante, où tout m'inonde d'harmonie, de lumière... Ébloui, je baisse les yeux.

Mélodieuses étincelles du feu d'en haut, où n'atteignez-vous pas?... pour vous, ni hauteur, ni distance; le ciel, l'abîme, c'est tout un. Quelle nuée, et quelle eau profonde ne vous est accessible? La terre, dans sa vaste ceinture, tant qu'elle est grande, avec ses monts, ses mers et ses vallées, elle vous appartient. Je vous entends sous l'équateur, ardents comme les traits du soleil. Je vous entends au pôle dans l'éternel silence où la vie a cessé, où la dernière mousse a fini; l'ours lui-même regarde de loin et s'éloigne en grondant. Vous, vous restez encore, vous vivez, vous aimez, vous témoignez de Dieu, vous réchauffez la mort. Dans ces déserts terrestres, vos touchantes amours innocentent ce que l'homme appelle la barbarie de la nature.

LE PÔLE
OISEAUX POISSONS

LE PÔLE

OISEAUX-POISSONS

La grande fée qui fait pour l'homme la plupart des biens et des maux, l'imagination, se joue à lui travestir de cent façons la nature. Dans tout ce qui passe ses forces ou blesse ses sentations, dans toutes les nécessités que commande l'harmonie du monde, il est tenté de voir et de maudire une volonté malveillante. Un écrivain a fait un livre contre les Alpes; un poëte a follement placé le trône du mal sur ces bienfaisants glaciers, qui sont la réserve des eaux de l'Europe, qui lui versent ses fleuves et qui font sa fécondité. D'autres, plus insensés encore, ont maudit les glaces du pôle, méconnu la magnifique économie du globe, le balancement majestueux des courants alternatifs qui sont la vie de l'Océan. Ils ont vu la guerre et la haine, la méchanceté de la nature dans ces mouvements réguliers, profondément pacifiques, de la Mère universelle.

Voilà les rêves de l'homme. Les animaux ne partagent nullement ces antipathies, ces terreurs; un double attrait, au contraire, chaque année les fait affluer vers les pôles en innombrables légions.

Chaque année, oiseaux, poissons, gigantesques cétacés vont peupler les mers et les îles qui entourent le pôle austral. Mers admirables, fécondes, pleines et combles de vie commencée (à l'état de zoophytes) et de fermentation vivante, d'eaux gélatineuses, de frai, de germes surabondants.

Les deux pôles également sont pour ces foules innocentes, partout poursuivies, le grand, l'heureux rendez-vous de l'amour et de la paix. Le cétacé, pauvre poisson qui pourtant a, comme nous, le doux lait et le sang chaud, ce proscrit infortuné qui bientôt aura disparu, c'est là qu'il trouve encore abri, une halte pour le moment sacré de la maternité et de l'allaitement. Nulles races meilleures ni plus douces, nulles plus fraternelles pour les leurs, plus tendres pour leurs petits. Cruelle ignorance de l'homme! Comment le lamentin, le phoque, qui sont si rapprochés de lui, ont-ils été tués sans horreur?

L'homme géant du vieil Océan, la baleine, cet être aussi doux que l'homme nain est barbare, a sur lui cet avantage, d'accomplir, sur des espèces d'effrayante fécondité, le travail de destruction que commande la nature, sans leur infliger la douleur. Elle n'a ni dents ni scie; nul de ces moyens de supplice dont les destructeurs du monde sont si abondamment pourvus. Absorbées subitement au fond de ce creuset mobile, elles se perdent et s'évanouissent, subissent instantanément les transformations de la grande chimie. La plupart des matières vivantes dont s'alimentent autour des pôles les habitants de ces mers, cétacés, poissons, oiseaux, n'ont pas d'organisme encore, ni de moyens de souffrir. Cela donne à ces tribus un caractère d'innocence qui nous touche infiniment, nous remplit de sympathie, d'envie aussi, s'il faut le dire. Trois fois heureux, trois fois béni, ce monde où la vie se répare sans qu'il en coûte la mort, ce monde qui généralement est affranchi de la douleur, qui dans ses eaux nourrissantes trouve toujours la mer de lait, n'a pas besoin de cruauté, et reste encore suspendu aux mamelles de la nature!

Profonde était la paix de ces solitudes et de leurs peuples amphibies avant l'arrivée de l'homme. Contre l'ours et le renard bleu, les deux tyrans de la contrée, ils trouvaient un facile abri dans le sein toujours ouvert de la mer, leur bonne nourrice.

Quand les marins y abordèrent, leur seul embarras était de percer la foule des phoques bienveillants et curieux qui venaient les regarder. Les manchots des terres australes, les pingouins des terres boréales, pacifiques et plus ingambes, ne faisaient aucun mouvement. Les oies, dont le fin duvet, d'une incomparable douceur, fournit l'édredon, se laissaient sans difficulté approcher, prendre à la main.

L'attitude de ces êtres nouveaux fut pour nos navigateurs une cause de plaisantes méprises. Ceux qui, de loin, virent d'abord des îles couvertes de manchots, à leur tenue verticale, à leur robe blanche et noire, crurent voir des bandes nombreuses d'enfants en tabliers blancs. La roideur de leurs petits bras (à peine peut-on dire ailes pour ces oiseaux commencés), leur mauvaise grâce sur terre, leur difficulté à marcher, les adjuge à l'Océan où ils nagent à merveille, et qui est leur élément naturel et légitime; on dirait volontiers qu'ils en sont les premiers fils émancipés, des poissons ambitieux, candidats aux rôles d'oiseaux, qui déjà étaient parvenus à transformer leurs nageoires en ailerons écailleux. La métamorphose ne fut pas couronnée d'un plein succès : oiseaux impuissants, maladroits, ils restent poissons habiles.

Ou encore, à leurs larges pieds attachés de si près au corps, à leur cou court ou posé sur un gros corps cylindrique, avec une tête aplatie, on les jugerait parents de leurs voisins les phoques, dont ils n'ont pas l'intelligence, mais du moins le bon naturel.

Ces fils aînés de la nature, confidents de ces vieux âges de transformation, parurent, aux premiers qui les virent, d'étranges hiéroglyphes. De leur œil doux, mais terne et pâle comme la face de l'Océan, ils semblaient regarder l'homme, ce dernier-né de la planète, du fond de leur antiquité.

Levaillant, non loin du cap de Bonne-Espérance, les trouva nombreux sur une île déserte où s'élevait le tombeau d'un pauvre marin danois, homme du pôle boréal, que le hasard avait amené là pour mourir aux terres australes, et qui se trouvait avoir l'épaisseur du globe entre lui et sa patrie. Phoques et manchots lui faisaient une nombreuse société : les premiers couchés, accroupis; les autres debout et montant avec dignité la garde autour du tombeau : tous plaintifs, et répondant aux plaintes de l'Océan, qu'on eût dit celles des morts.

La station d'hiver est le Cap. Dans ce tiède exil d'Afrique, ils s'habillent d'un bon et solide fourreau de graisse qui leur sera bien utile contre la faim et le froid. Dès que le printemps revient, une voix secrète leur dit que le tempétueux dégel a brisé, fondu les cristaux aigus des glaces, que les bienheureuses mers des pôles, leur patrie et leur berceau, leur doux paradis d'amour, sont ouvertes et les appellent. Ils s'élancent, impatients, franchissent d'une rame rapide cinq ou six cents lieues de mer, sans repos que quelques glaces flottantes où, par instants, ils se posent. Ils arrivent,

et tout est prêt. Un été de trente jours leur donne le moment du bonheur.

Bonheur sévère. Le bonheur de trouver une profonde paix les éloigne de la mer où est leur seule nourriture. Le temps d'amour, d'incubation, est un temps de jeûne et d'inquiétude. Le renard bleu, leur ennemi, les poursuit dans le désert. Mais l'union fait la force. Les mères couvent toutes ensemble, et la légion des pères veille autour d'elles, prête à se dévouer. Éclose seulement le petit! et que le bataillon serré le mène jusqu'à la mer... il s'y jette, il est sauvé!

Sombres climats! Qui pourtant ne les aimerait, quand on y voit la nature si attendrissante, qui pare impartialement le foyer de l'homme, celui de l'oiseau, d'amour et de dévouement? Le foyer du Nord tient d'elle une grâce morale qu'a rarement celui du Midi : un soleil y luit, qui n'est pas le soleil de l'équateur, mais plus doux, celui de l'âme. Toute créature y est relevée par l'austérité même du climat ou du danger.

Le dernier effort en ce monde du Nord, qui n'est nullement celui de la beauté, c'est d'avoir trouvé le beau. Ce miracle sort du cœur des mères. La Laponie n'a qu'un art, qu'un seul objet d'art : le berceau. « C'est un objet charmant, dit une dame qui a visité ces contrées, élégant et gracieux comme un joli petit soulier garni de la fourrure légère du lièvre blanc, plus délicat que la plume du cygne. Autour de la capote où la tête de l'enfant est parfaitement garantie, chaudement, doucement abritée, sont suspendus des colliers de perles de couleur, et de petites chaînettes en cuivre ou argent qui sonnent sans cesse et dont le cliquetis fait rire le petit Lapon. »

Merveille de la maternité! Par elle, voilà la femme la plus rude qui devient attentive, artiste... Mais la femelle est héroïque. C'est le plus touchant des spectacles de voir l'oiseau de l'édredon, l'eider, s'arracher son duvet, pour coucher, couvrir son petit. Et quand l'homme a volé ce nid, la mère continue sur elle la cruelle opération. Et quand elle s'est plumée, n'a plus rien à arracher que la chair, le sang, le père lui succède et il s'arrache tout à son tour; de sorte que le petit est vêtu d'eux, de leur substance, de leur dévouement et de leur douleur. Montaigne, en parlant d'un manteau dont s'était servi son père et que lui-même aimait à porter en mémoire de lui, dit ce mot touchant auquel ce pauvre nid me reporte : « Je m'enveloppais de mon père. »

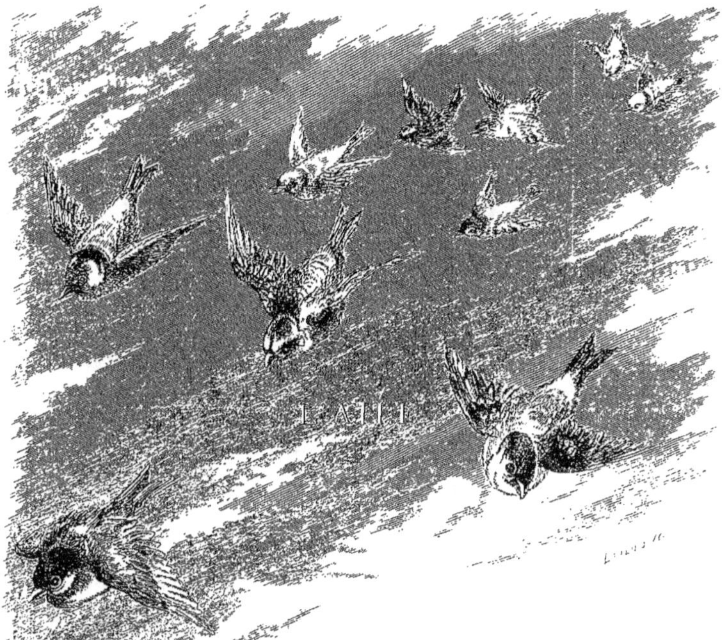

L'AILE

Des ailes ! des ailes ! pour voler
Par montagne et par vallée !
Des ailes pour bercer mon cœur
Sur le rayon de l'aurore !

Des ailes pour planer sur la mer
Dans la pourpre du matin !
Des ailes au-dessus de la vie !
Des ailes par delà la mort !
. . . .

RUCKERT.

C'est le cri de la terre entière, du monde et de toute vie ; c'est celui que toutes les espèces animales ou végétales poussent en cent langues diverses, la voix qui sort de la pierre même et du monde inorganique : « Des ailes ! nous voulons des ailes, l'essor et le mouvement ! »

Oui, les corps les plus inertes se précipitent avidement dans les transformations chimiques qui les font entrer au courant de la vie universelle, leur donnent les ailes du mouvement et de la fermentation.

Oui, les végétaux fixés sur leur racine immobile épanchent leurs amours intérieures vers une existence ailée, et se recommandent aux vents, aux flots, aux insectes, pour les faire vivre au dehors, leur donner le vol que leur refusa la nature.

Nous contemplons avec compassion ces ébauches animales, l'unau, l'aï, plaintives et souffrantes images de l'homme, qui ne peuvent faire un pas sans pousser un gémissement : *paresseux* ou *tardigrades*. Ces noms que nous leur donnons, nous pouvions les garder pour nous. Si la lenteur est relative au désir du mouvement, à l'effort toujours trompé d'aller, d'avancer, d'agir, le vrai *tardigrade* c'est l'homme. La faculté de se traîner d'un point à l'autre de la terre, les ingénieux instruments qu'il a récemment inventés pour aider cette faculté, tout cela ne diminue pas son adhérence à la terre; il n'y reste pas moins collé par la tyrannie de la gravitation.

Je ne vois guère sur la terre qu'une classe d'êtres à qui il soit donné d'ignorer ou de tromper, par le mouvement libre et rapide, cette universelle tristesse de l'impuissante aspiration : c'est celui qui ne tient à la terre que du bout de l'aile, pour ainsi parler; celui que l'air lui-même berce et porte, le plus souvent sans qu'il ait à s'en mêler autrement que pour diriger à son besoin, à son caprice.

Vie facile et vie sublime! de quel œil le dernier oiseau doit regarder, mépriser le plus fort, le plus rapide des quadrupèdes, un tigre, un lion! Qu'il doit sourire de le voir dans son impuissance, collé, fixé à la terre, la faisant trembler d'inutiles et vains rugissements, des gémissements nocturnes qui témoignent des servitudes de ce faux roi des animaux, lié, comme nous sommes tous, dans l'existence inférieure que nous font également la faim et la gravitation!

Oh! la fatalité du ventre! la fatalité du mouvement qui nous fait traîner sur la terre! L'implacable pesanteur qui rappelle chacun de nos deux pieds à l'élément rude et lourd où la mort nous fera rentrer, et nous dit : « Fils de la terre, tu appartiens à la terre. Sorti un moment de son sein, tu y resteras bien longtemps. »

N'en querellons pas la nature, c'est le signe certainement que nous habitons un monde fort jeune encore, fort barbare; monde d'essai et d'apprentissage, dans la série des étoiles, une des haltes élémentaires de la grande initiation. Ce globe est un globe d'enfant. Et toi, tu es un enfant. De cette école inférieure, tu seras émancipé aussi, tu auras de belles et puissantes ailes. Tu gagnes et mérites ici, à la sueur de ton front, un degré dans la liberté.

Faisons une expérience. Demandons à l'oiseau encore dans l'œuf ce qu'il veut être, donnons-lui l'option. Veux-tu être homme, et partager cette royauté du globe que nous font l'art et le travail?

Il répondra non, à coup sûr. Sans calculer l'effort immense, la peine, la sueur et le souci, la vie d'esclave par laquelle nous achetons la royauté, il n'aura qu'un mot à dire : « Roi moi-même, en naissant, de l'espace et de la lumière, pourquoi abdiquerais-je, quand l'homme, en sa plus haute ambition, dans son suprême vœu de bonheur et de liberté, rêve de se faire oiseau et de prendre des ailes? »

C'est dans son meilleur âge, dans sa première et plus riche existence, dans ses songes de jeunesse, que parfois l'homme a la bonne fortune d'oublier qu'il est homme, serf de la pesanteur et lié à la terre. Le voilà qui s'envole, il plane, il domine le monde, il nage dans un trait de soleil, il jouit du bonheur immense d'embrasser d'un regard l'infinité des choses qu'hier il voyait une à une. Obscure énigme de détail, tout à coup lumineuse pour qui en perçoit l'unité! Voir le monde sous soi, l'embrasser et l'aimer! quel divin et sublime songe!... Ne m'éveillez pas, je vous prie, ne m'éveillez jamais!... Mais quoi! voici le jour, le bruit et le travail; le dur marteau de fer, la perçante cloche, de son timbre d'acier, me détrônent, me précipitent; mes ailes ont fondu. Terre lourde, je retombe à la terre; froissé, courbé, je reprends la charrue.

Quand, à la fin de l'autre siècle, l'homme eut l'idée hardie de se livrer au vent, de monter dans les airs, sans gouvernail, ni rame, ni moyen de direction, il proclama qu'enfin il avait pris des ailes, éludé la nature et vaincu la gravitation. De cruels et tragiques événements démentirent cette ambition. On étudia l'aile, on entreprit de l'imiter; on contrefit grossièrement l'inimitable mécanique. Nous vîmes avec effroi, d'une colonne de cent pieds, un pauvre oiseau humain, armé d'ailes immenses, s'élancer, s'agiter et se briser en pièces.

La triste et funeste machine, dans sa laborieuse complication, était bien loin de rappeler cet admirable bras

(bien supérieur au bras humain), ce système de muscles qui coopèrent entre eux dans un si fort et si vif mouvement. Détendue et dégingandée, l'aile humaine manquait spécialement du muscle tout-puissant qui lie l'épaule à la poitrine (l'humérus au sternum), et donne le violent coup d'aile au vol foudroyant du faucon. L'instrument tient ici de si près au moteur, l'aviron au rameur, et fait si bien un avec lui, que le martinet, la frégate, rament à quatre-vingts lieues par heure, cinq ou six fois plus vite que nos chemins de fer les plus rapides, dépassant l'ouragan, et sans nul rival que l'éclair.

Mais nos pauvres imitateurs eussent-ils vraiment imité l'aile, rien n'était fait. On copiait la forme, mais non la structure intérieure; on croyait que l'oiseau avait dans le vol seul sa force d'ascension, ignorant le secret auxiliaire que la nature cache en sa plume et ses os. Le mystère, la merveille, c'est la faculté qu'elle lui donne de se faire, comme il veut, léger ou lourd, en admettant plus ou moins d'air dans ses réservoirs ménagés exprès. Pour devenir léger, il enfle son volume, donc diminue sa pesanteur relative; dès lors il monte de lui-même dans un milieu plus lourd que lui. Pour descendre ou tomber, il se refait petit, étroit, en chassant l'air qui le gonflait, donc plus pesant, aussi pesant qu'il veut. Voilà ce qui trompait, ce qui faisait la fatale ignorance. On savait que l'oiseau est un vaisseau, non qu'il fût un ballon. On n'imitait que l'aile; l'aile bien imitée, si l'on n'y joint cette force intérieure, n'est qu'un sûr moyen de périr.

Mais cette faculté, ce jeu rapide de prendre ou chasser

l'air, de nager sous un lest variable à volonté, à quoi cela même tient-il? A une puissance unique, inouïe, de respiration. L'homme qui recevrait autant d'air à la fois serait tout d'abord étouffé. Le poumon de l'oiseau, élastique et puissant, s'en empreint, s'en emplit, s'en enivre avec force et délices, le verse à flots aux os, aux cellules aériennes. Aspiration, rénovation de rapidité foudroyante de seconde en seconde. Le sang, vivifié sans cesse d'un air nouveau, fournit à chaque muscle cette inépuisable vigueur, qui n'est à nul autre être et n'appartient qu'aux éléments.

La lourde image d'Antée touchant à la Terre, sa mère, et y puisant des forces, rend faiblement, grossièrement, quelque idée de cette réalité. L'oiseau n'a pas à chercher l'air pour le toucher et s'y renouveler;

l'air le cherche et afflue en lui; il lui rallume incessamment le brûlant foyer de la vie.

Voilà ce qui est prodigieux, et non pas l'aile. Ayez l'aile du condor et suivez-le, quand du sommet des Andes, et de leurs glaciers sibériques, il fond, il tombe au rivage brûlant du Pérou, traversant en une minute toutes les températures, tous les climats du globe, aspirant d'une haleine l'effrayante masse d'air, brûlée, glacée, n'importe!... Vous arriveriez foudroyés.

Le plus petit oiseau fait honte ici au plus fort quadrupède. Prenez-moi un lion enchaîné dans un ballon (dit Toussenel), son sourd rugissement se perdra dans l'espace. Bien autrement puissante de voix et de respiration, la petite alouette monte en filant son chant, et on l'entend encore quand on ne la voit plus. Sa chanson gaie, légère, sans fatigue, qui n'a rien coûté, semble la joie d'un invisible esprit qui voudrait consoler la terre.

La force fait la joie. Le plus joyeux des êtres, c'est l'oiseau, parce qu'il se sent fort au delà de son action, parce que, bercé, soulevé de l'haleine du ciel, il nage, il monte sans effort, comme en rêve. La force illimitée, la faculté sublime, obscure chez les êtres inférieurs, chez l'oiseau claire et vive, de prendre à volonté sa force au foyer maternel, d'aspirer la vie à torrent, c'est un enivrement divin.

La tendance toute naturelle, non orgueilleuse, non impie, de chaque être, est de vouloir ressembler à la grande Mère, de se faire à son image, de participer aux ailes infatigables dont l'Amour éternel couve le monde.

La tradition humaine est fixée là-dessus. L'homme ne veut pas être homme, mais ange, un dieu ailé. Les génies ailés de la Perse font les chérubins de Judée. La Grèce donne des ailes à sa Psyché, à l'âme, et elle trouve le vrai nom de l'âme, l'*aspiration*, ἆσθμα. L'âme a gardé ses ailes; elle passe à tire-d'aile dans le ténébreux moyen âge, et va croissant d'aspiration. Plus net et plus ardent se formule ce vœu, échappé du plus profond de sa nature et de ses ardeurs prophétiques : « Oh! si j'étais oiseau! » dit l'homme.

La femme n'a nul doute que l'enfant ne devienne un ange.

Elle l'a vu ainsi dans ses songes.

Songes ou réalités!... Rêves ailés, ravissements des nuits, que nous pleurons tant au matin, si vous étiez pourtant! Si vraiment vous viviez! Si nous n'avions perdu rien de ce qui fait notre deuil! Si, d'étoiles en étoiles, réunis, élancés dans un vol éternel, nous suivions tous ensemble un doux pèlerinage à travers la bonté immense!...

On le croit par moments. Quelque chose nous dit que ces rêves ne sont pas des rêves, mais des échappées du vrai monde, des lumières entrevues derrière le brouillard d'ici-bas, des promesses certaines, et que le prétendu réel serait plutôt le mauvais songe.

PREMIERS ESSAIS DE L'AILE

PREMIERS ESSAIS

DE L'AILE

Il n'est point d'homme illettré, ignorant, point d'esprit blasé, insensible, qui puisse se défendre d'une émotion de respect, je dirai presque de terreur, en entrant dans les salles de notre Musée d'histoire naturelle.

Nulle collection étrangère, à notre connaissance, ne produit cette impression.

D'autres, sans doute, comme celle du splendide musée de Leyde, sont plus riches en tel genre, non plus complètes, non plus harmoniques. Cette grandiose harmonie se sent instinctivement, elle impose et saisit. Le voyageur inattentif, visiteur fortuit, est pris sans s'y attendre : il s'arrête et il songe. En face de cette énorme énigme, de cet immense hiéroglyphe qui pour la première fois se pose devant lui, il se tiendrait heureux s'il pouvait lire un caractère, épeler une lettre. Que de fois des gens du peuple, surpris et tourmentés de telle forme bizarre, nous en ont demandé le sens! Un mot les mettait sur la voie, une simple indication les charmait; ils partaient contents et se promettaient de revenir. Au contraire, ceux qui traversaient cet océan d'objets inconnus, incompris, s'en allaient fatigués et tristes.

Formons le vœu qu'une administration si éclairée, si haut placée dans la science, revienne à la constitution primitive du Muséum, qui créait des *gardiens démonstrateurs*, et n'admettait comme surveillants de ce trésor que ceux qui pouvaient le comprendre, et par moments l'interpréter.

Un autre vœu que nous osons former, c'est qu'à côté des grands naturalistes on place les images des courageux navigateurs, des voyageurs persévérants, qui, par leurs travaux, leurs périls, en hasardant cent fois leur vie, nous ont rapporté ces trésors. S'ils valent en eux-mêmes, ils valent peut-être plus encore par l'héroïsme et la grandeur de cœur de ceux qui nous les ont gagnés. Ce charmant colibri, madame, saphir ailé où vous verriez un futile objet de parure, savez-vous bien qu'un Azara, un Lesson, vous l'a rapporté des forêts meurtrières où l'on ne respire que la mort? Ce tigre magnifique dont vous admirez le pelage, sachez que pour le mettre ici il a fallu que, dans les jongles, il fût cherché, rencontré face à face, tiré, frappé au front par l'intrépide Levaillant. Ces voyageurs illustres, amants ardents de la nature, souvent sans moyens, sans secours, l'ont suivie aux déserts, observée et surprise dans ses mystérieuses retraites, s'imposant la soif et la faim, d'incroyables fatigues, ne se plaignant jamais, se croyant trop récompensés, pleins d'amour, de reconnaissance à chaque découverte; ne regrettant rien à ce prix, non pas même la

mort de la Pérouse ou de Mungo-Park, la mort dans les naufrages, la mort chez les barbares.

Qu'ils revivent ici au milieu de nous! Si leur vie solitaire s'écoula loin de l'Europe pour la servir, que leurs images soient placées au milieu de la foule reconnaissante, avec la brève indication de leurs heureuses découvertes, de leurs souffrances et de leur grand courage. Plus d'un jeune homme se sentira ému d'avoir vu ces héros et reviendra rêveur et tenté de les imiter.

C'est la double grandeur de ce lieu. Des héros envoyèrent ces choses, et elles furent recueillies, classées, harmonisées par des grands hommes, à qui tout affluait comme à un centre légitime, et que leur position, autant que leur génie, mit à même d'opérer ici la centralisation de la nature.

Au dernier siècle, le grand mouvement des sciences convergeait autour d'un homme de génie, important par le rang, les entourages et la fortune, M. le comte de Buffon; tous les dons des savants, des voyageurs, des rois, venaient à lui, par lui se classaient au Musée. De nos jours, un plus grand spectacle a fixé sur ce lieu l'attention émue de toutes les nations du monde, quand deux hommes immenses (plus que deux hommes, deux méthodes), Cuvier, Geoffroy, y combattirent. Tous s'y intéressèrent ou pour l'un ou pour l'autre, tous prirent parti, envoyèrent pour ou contre des preuves au Muséum, tel des livres, tel des animaux ou des faits inconnus. De sorte que ces collections qu'on croirait mortes sont vivantes; elles palpitent encore de cette lutte, animées par les grands esprits qui ont appelé tous ces êtres en témoignage dans leur combat fécond.

Ce n'est pas là un dépôt fortuit. Ce sont des séries très-suivies, formées et composées systématiquement par de profonds penseurs. Les espèces qui forment les plus curieuses transitions entre les genres y sont richement représentées. C'est là qu'on voit bien mieux qu'ailleurs ce qu'ont dit Linné et Lamark : qu'à mesure que nos musées s'enrichiraient, deviendraient plus complets, auraient moins de lacunes, on avouerait que la nature ne fait rien brusquement, mais par transitions douces et insensibles. Où nous croyons voir dans ses œuvres un saut, un vide, un passage brusque et inharmonique, accusons-nous nous-mêmes : cette lacune, c'est notre ignorance.

Arrêtons-nous quelques moments aux solennels passages où la vie incertaine semble osciller encore, où la nature paraît s'interroger elle-même, tâter sa volonté. *Serai-je poisson ou mammifère?* se dit l'être; il hésite, et reste poisson à sang chaud : c'est la bonne et douce tribu des lamentins, des phoques. *Serai-je oiseau ou quadrupède?* Grande question, hésitation perplexe, long combat et varié. Toutes les péripéties en sont racontées, les solutions diverses des problèmes naïvement posées, réalisées, par des êtres bizarres, comme l'ornithorhynque, qui n'aura d'oiseau que le bec; comme la pauvre chauve-souris, être innocent et tendre dans son nid de famille, dont la forme indécise fait la laideur et l'infortune. En elle on voit que la nature cherche l'aile et ne trouve encore qu'une membrane velue, hideuse, qui toutefois en fait déjà la fonction :

Je suis oiseau, voyez mes ailes.

Mais l'aile même ne fait pas l'oiseau.

Placez-vous vers le centre du Musée, et tout près de

l'horloge. Là, vous apercevez, à gauche, le premier rudiment de l'aile dans le manchot du pôle austral, et dans son frère le pingouin boréal, plus développé d'un degré. Ailerons écailleux, dont les pennes luisantes rappellent le poisson bien mieux que l'oiseau. Sur terre, c'est un infirme;

la terre est difficile pour lui, l'air impossible. Ne le plaignez pas trop. Sa prévoyante mère le destine aux mers des pôles, où il n'aura guère à marcher. Elle l'habille soigneusement d'un beau fourreau de graisse et d'une imperméable robe. Elle veut qu'il ait chaud dans les glaces. Quel en est le meilleur moyen? Il semble qu'elle ait hésité, tâtonné. A côté du manchot on voit avec surprise un essai d'un tout autre genre, mais non pas moins frappant comme précaution maternelle : c'est un gorfou très-rare, que je n'ai vu dans nul autre musée, habillé d'une rude fourrure de quadrupède, comme d'une sorte de poil de chèvre, mais plus luisant peut-être dans l'animal vivant, et certainement impénétrable à l'eau.

Pour mettre ensemble les oiseaux qui ne volent pas, il nous faudrait rapprocher de ceux-ci le navigateur du désert, l'oiseau-chameau, l'autruche analogue au chameau même par la structure intérieure. Du moins, si son aile ébauchée ne peut l'enlever de terre, elle l'aide puissamment à marcher, lui donne une extrême vitesse; c'est sa voile pour traverser son aride océan d'Afrique.

Revenons au manchot, véritable point de départ de la série, au manchot dont l'aile rudimentaire ne sert point comme voile, n'aide point à la marche, n'est qu'une indication, comme un souvenir de la nature.

Elle s'en détache, se soulève péniblement dans un premier essai de vol par deux figures étranges, qui nous semblent grotesques et prétentieuses. Le manchot ne l'est pas : honnête et simple créature, on voit qu'il n'eut jamais l'ambition du vol. Mais en voici qui s'émancipent, qui semblent chercher la parure ou la grâce du mouvement. Le gorfou paraît être un manchot décidé à quitter sa condition; il prend une aigrette coquette qui met en relief sa laideur. L'informe macareux, qui semble la caricature d'une caricature, le perroquet, lui ressemble par un gros bec, mal dégrossi, mais sans tranchant ni force; sans queue et mal équilibré, il peut toujours être emporté par le poids de sa grosse tête. Il se hasarde à voleter pourtant, au risque des culbutes. Il plane noblement tout près de terre et fait l'envie

peut-être des manchots et des phoques. Parfois il se hasarde en mer; malencontreux vaisseau, le moindre vent fait son naufrage.

On ne peut le nier pourtant, l'essor est pris. Des oiseaux de diverses sortes continuent plus heureusement. Le genre si riche des plongeons, dans ses espèces très-diverses, relie les voiliers aux nageurs : telles, d'une aile accomplie, d'un vol hardi et sûr, font les plus grands voyages; telles, encore revêtues des pennes luisantes du manchot, frétillent et jouent au fond des mers; les nageoires seules leur manquent et la respiration pour être des poissons parfaits; ils alternent, ils sont maîtres de l'un et de l'autre élément.

LA FRÉGATE

LE TRIOMPHE DE L'AILE

LA FRÉGATE

N'essayons pas d'énumérer tous les intermédiaires. Passons à l'oiseau blanc que je vois là-haut dans les nues, oiseau qu'on voit partout, sur l'eau, sur terre, sur les écueils couverts et découverts des flots, oiseau qu'on aime à voir, familier et glouton, et qu'on peut appeler petit vautour des mers. Je parle de ces myriades de goëlands ou de mouettes dont toute côte répète les cris. Trouvez-moi des êtres plus libres. Jour et nuit, midi ou nord, mer ou plage, proie morte ou vivante, tout leur est un. Usant de tout, chez eux partout, ils promènent vaguement des flots au ciel leur blanche voile; le vent nouveau qui tourne et change, c'est toujours le bon vent qui va où ils voulaient aller.

Sont-ils autre chose que l'air, la mer, les éléments qui ont pris aile et volent? Je n'en sais rien : à voir leur œil gris, terne et froid (qu'on n'imite nullement dans nos musées), on croit voir la mer grise, l'indifférente mer du Nord, dans sa glaciale impersonnabilité. Que dis-je? cette mer est plus émue. Parfois phosphorescente, électrique, il lui arrive de s'animer bien plus. Le vieux père Océan, sournois, colère,

souvent sous sa face pâle roule bien des pensées. Ses fils, les goëlands, semblent moins animaux que lui. Ils volent, de leurs yeux morts cherchant quelque proie morte, s'attroupant, hâtant en famille la destruction des grands cadavres qui pour eux flottent sur la mer. Point féroces d'aspect, égayant le navigateur par leurs jeux, par l'apparition fréquente de leurs blanches ailes, ils lui parlent des terres lointaines, des rives qu'il quitte ou qu'il va voir, des amis absents, espérés. Et ils le servent aussi à l'approche des orages, qu'ils annoncent et prédisent. Souvent leur voile éployée lui conseille de serrer les siennes.

Car ne supposez pas que, l'orage venu, ils daigneront plier les ailes. Tout au contraire, ils partent. L'orage est leur récolte; plus la mer est terrible, moins le poisson peut se soustraire à ces hardis pêcheurs. Dans la baie de Biscaye, où la houle, poussée du nord-ouest, traversant l'Atlantique, arrive entassée, exhaussée à des hauteurs énormes, avec des chocs épouvantables, les goëlands placides travaillent imperturbablement. « Je les voyais, dit M. de Quatrefages, décrire en l'air mille courbes, plonger entre deux vagues, reparaître avec un poisson. Plus rapides quand ils suivaient le vent, plus lents quand ils restaient en face, ils planaient cependant avec la même aisance, sans paraître donner un coup d'aile de plus que dans les plus beaux jours. Et cependant les flots remontaient les talus, comme des cataractes à l'envers, aussi haut que la plate-forme de Notre-Dame, et l'écume plus haut que Montmartre. Ils n'en semblaient pas plus émus. »

L'homme n'a pas leur philosophie. Les matelots sont fort émus lorsque, le jour baissant, une subite nuit se faisant sur les mers, ils voient autour du navire voler une sinistre petite figure, un funèbre oiseau noir. Noir n'est pas le mot propre, le noir serait plus gai : la vraie nuance est celle d'un brun fumeux qu'on ne définit pas. Ombre d'enfer,

ou mauvais songe, qui marche sur les eaux, se promène à travers la vague, foule aux pieds la tempête. Ce pétrel (ou saint Pierre) est l'horreur du marin, qui croit y voir une malédiction vivante. D'où vient-il? d'où peut-il surgir, à des distances énormes de toute terre? que veut-il? que vient-il chercher, si ce n'est le naufrage? Il voltige impatient, et déjà choisit les cadavres que lui va livrer sa complice, l'atroce et méchante mer.

Voilà les fictions de la peur. Des esprits moins effrayés verraient dans le pauvre oiseau un autre navire en détresse, un navigateur imprudent qui, lui aussi, a été surpris loin de la côte et sans abri. Ce vaisseau est pour lui une île, où il voudrait bien reposer. Le sillage seul du navire qui coupe et le flot et le vent, c'est déjà un refuge, un secours contre la fatigue. Sans cesse, d'un vol agile, il met le rempart du vaisseau entre lui et la tempête. Timide et myope, on ne le voit guère que quand elle fait la nuit. Il nous ressemble, il craint l'orage, il a peur, ne veut pas périr, et dit comme vous, marins : « Que deviendraient mes petits? »

Mais le temps noir se dissipe, le jour reparaît, je vois un petit point bleu au ciel. Heureuse et sereine région qui gardait la paix par-dessus l'orage. Dans ce point bleu, royalement, un petit oiseau d'aile immense nage à dix mille pieds de haut. Goëland? non, l'aile est noire. Aigle? non, l'oiseau est petit.

C'est le petit aigle de mer, le premier de la race ailée, l'audacieux navigateur qui ne ploie jamais la voile, le prince de la tempête, contempteur de tous les dangers : le guerrier, ou la frégate.

Nous avons atteint le terme de la série commencée par l'oiseau sans aile. Voici l'oiseau qui n'est plus qu'aile. Plus de corps : celui du coq à peine, avec des ailes prodigieuses qui vont jusqu'à quatorze pieds. Le grand problème du vol est résolu et dépassé, car le vol semble inutile. Un tel oiseau, naturellement soutenu par de tels appuis, n'a qu'à se laisser porter. L'orage vient, il monte à de telles hauteurs qu'il y trouve la sérénité. La métaphore poétique, fausse de tout autre oiseau, n'est point figure pour celui-ci : à la lettre il dort sur l'orage.

S'il veut ramer sérieusement, toute distance disparaît. Il déjeune au Sénégal, dîne en Amérique.

Ou, s'il veut mettre plus de temps, s'amuser en route, il le peut; il continuera dans la nuit indéfiniment, sûr de se reposer... sur quoi? sur sa grande aile immobile, qu'il lui suffit de déployer sur l'air, qui se charge seul de la fatigue du voyage, sur le vent, son serviteur, qui s'empresse à le bercer.

Notez que cet être étrange a de plus cette royauté de ne rien craindre en ce monde. Petit, mais fort, intrépide, il brave tous les tyrans de l'air; il mépriserait au besoin le pygargue et le condor; ces énormes et lourdes bêtes s'ébranleraient à grand' peine qu'il serait déjà à dix lieues.

Oh! c'est là que l'envie nous prend, lorsque dans l'azur ardent des tropiques nous voyons passer en triomphe, à des hauteurs incroyables, presque imperceptible par la distance, l'oiseau noir dans la solitude, unique dans le désert du ciel.

Tout au plus, un peu plus bas, le croise dans sa grâce légère un blanc voilier, le paille-en-queue.

Que ne me prends-tu sur ton aile, roi de l'air, sans peur, sans fatigue, maître de l'espace, dont le vol si rapide supprime le temps? Qui plus que toi est détaché des basses fatalités de l'être?

Une chose pourtant m'étonnait : c'était qu'envisagé de près, ce premier du royaume ailé n'a rien de la sérénité que promet une vie libre. Son œil est cruellement dur, âpre, mobile, inquiet. Son attitude tourmentée est celle d'une vigie malheureuse qui doit, sous peine de mort, veiller sur l'infini des mers. Celui-ci visiblement fait effort pour voir au loin. Et si sa vue ne le sert, l'arrêt est sur son noir visage : la nature le condamne, il meurt.

En le regardant de près, on le voit, il n'a pas de pieds. Fort courts du moins et palmés, ils ne peuvent marcher, percher. Avec un bec formidable, il n'a pas les griffes du véritable aigle de mer. Faux aigle, et supérieur au vrai par l'audace comme par le vol, il n'a pourtant pas sa force, il n'a pas ses prises invincibles. Il frappe et tue; peut-il saisir?

De là sa vie tout incertaine, de hasards, vie de corsaire, de pirate, plus que de marin, et la question permanente qu'on lit très-bien sur son visage : « Dînerai-je?... aurai-je ce soir de quoi donner à mes petits? »

L'immense et superbe appareil de ses ailes devient à

terre un danger, un embarras. Il lui faut, pour s'enlever, beaucoup de vent et un lieu élevé, une pointe, un roc.

Surprise sur un sable plat, sur les bancs, les bas écueils où elle s'arrête souvent, la frégate est sans défense; elle a beau menacer, frapper, elle est assommée à coups de bâton.

Sur mer, ces ailes immenses, admirables quand elles s'élèvent, sont peu propres à raser l'eau. Mouillées, elles peuvent s'alourdir, enfoncer. Et dès lors malheur à l'oiseau! il appartient aux poissons, il nourrit les basses tribus dont il comptait se nourrir : le gibier mange le chasseur, le preneur est pris.

Et cependant comment faire? Sa nourriture est dans les eaux. Il faut toujours qu'il s'en rapproche, qu'il y retourne, qu'il rase sans cesse l'odieuse et féconde mer qui menace de l'engloutir.

Donc cet être si bien armé, ailé, supérieur à tous par la vue, le vol, l'audace, n'a qu'une vie tremblante et précaire. Il mourrait de faim s'il n'avait l'industrie de se créer un pourvoyeur auquel il escroque sa nourriture. Sa ressource, hélas! ignoble, c'est d'attaquer un oiseau lourd et peureux, le fou, excellent pêcheur. La frégate, qui n'est pas plus grosse, le poursuit, le frappe du bec sur le cou, lui fait rendre gorge. Tout cela se passe dans l'air; avant que le poisson tombe, elle le happe au passage.

Si cette ressource manque, elle ne craint pas d'attaquer l'homme : « En débarquant à l'Ascension, dit un voyageur, nous fûmes assaillis des frégates. L'une voulait m'arracher un poisson de la main même. D'autres voltigeaient sur la chaudière où cuisait la viande pour l'enlever, sans tenir compte des matelots qui étaient autour. »

Dampier en vit de malades, de vieilles ou estropiées, se tenant sur les écueils qui semblaient leurs Invalides, levant des contributions sur les jeunes fous, leurs vassaux, et se nourrissant de leur pêche. Mais, dans leur état de force, elles ne posent guère à terre, vivant comme les nuages, flottant de leurs grandes ailes constamment d'un monde à l'autre, attendant leur aventure, et perçant l'infini du ciel, l'infini des eaux, d'un implacable regard.

Le premier de la gent ailée est celui qui ne pose pas. Le premier des navigateurs est celui qui n'arrive pas. La terre, la mer, lui sont presque également interdites. Et c'est l'éternel exilé.

N'envions rien. Nulle existence n'est vraiment libre ici-bas, nulle carrière n'est assez vaste, nul vol assez grand, nulle aile ne suffit. La plus puissante est un asservissement. Il en faut d'autres que l'âme attend, demande et espère :

Des ailes par-dessus la vie!
Des ailes par delà la mort!

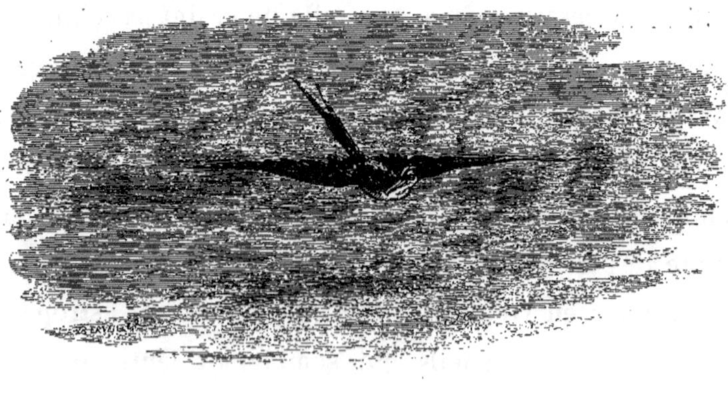

LES RIVAGES

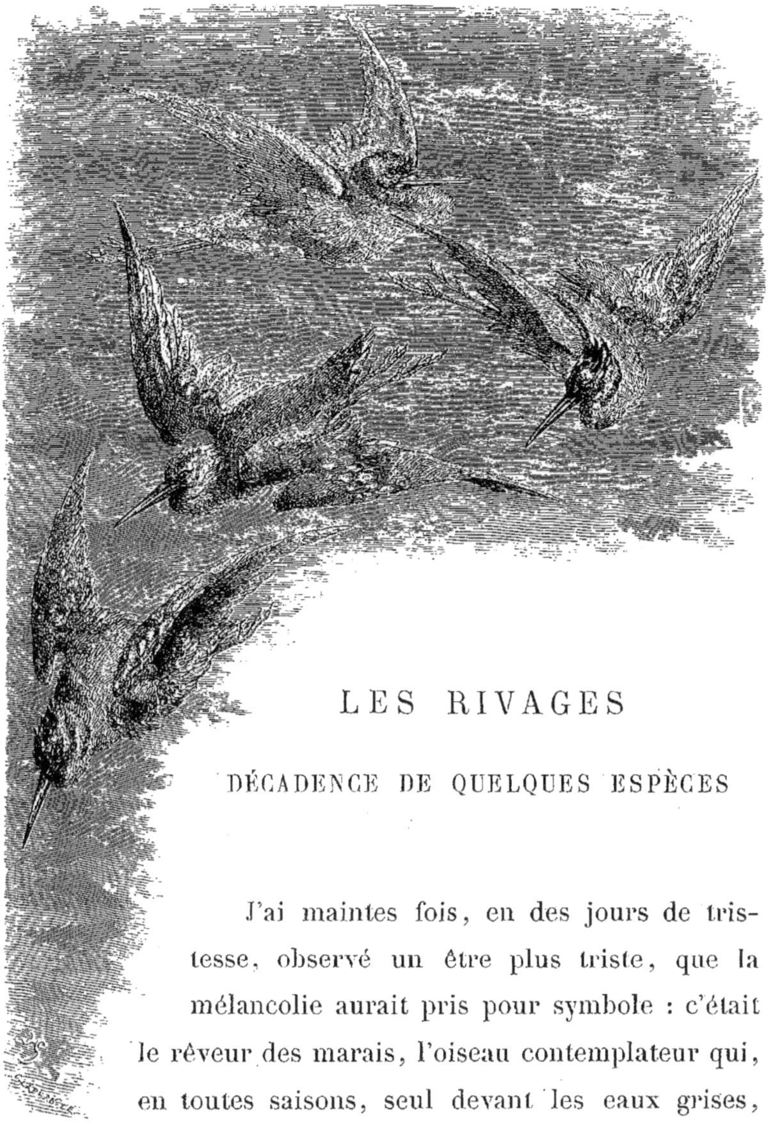

LES RIVAGES

DÉCADENCE DE QUELQUES ESPÈCES

J'ai maintes fois, en des jours de tristesse, observé un être plus triste, que la mélancolie aurait pris pour symbole : c'était le rêveur des marais, l'oiseau contemplateur qui, en toutes saisons, seul devant les eaux grises, semble, avec son image, plonger dans leur miroir sa pensée monotone.

Sa noble aigrette noire, son manteau gris-de-perle, ce deuil quasi royal contraste avec son corps chétif et sa transparente maigreur. Au vol, le pauvre hère ne montre que deux ailes ; pour peu qu'il s'éloigne en hauteur, du corps il n'est plus question : il devient invisible. Animal vraiment aérien, pour porter ce corps si léger, le héron a assez, il a trop d'une patte ; il replie l'autre ; presque toujours sa silhouette boiteuse se dessine ainsi sur le ciel dans un bizarre hiéroglyphe.

Quiconque a vécu dans l'histoire, dans l'étude des races et des empires déchus, est tenté de voir là une image de décadence. C'est un grand seigneur ruiné, un roi dépossédé, ou je me trompe fort. Nul être ne sort à cet état misérable des mains de la nature. Donc, je me hasardai à interroger ce rêveur et je lui dis de loin ces paroles que sa très-fine ouïe perçut exactement : « Ami pêcheur, voudrais-tu bien me dire (sans délaisser ta station) pourquoi, toujours si triste, tu sembles plus triste aujourd'hui ? As-tu manqué ta proie ? le poisson trop subtil a-t-il trompé tes yeux ? la grenouille moqueuse te défie-t-elle au fond de l'onde ?

— Non, poissons ni grenouilles n'ont pas ri du héron... Mais le héron lui-même rit de lui, se méprise quand il entre en sa pensée de ce que fut sa noble race et de l'oiseau des anciens jours.

« Tu veux savoir à quoi je rêve? Demande au chef indien des Chérokés, des Jowais, pourquoi, des jours entiers, il tient la tête sur le coude, regardant sur l'arbre d'en face un objet qui n'y fut jamais.

« La terre fut notre empire, le royaume des oiseaux aquatiques dans l'âge intermédiaire où, jeune, elle émergeait des eaux. Temps de combats, de luttes, mais d'abondante subsistance. Pas un héron alors qui ne gagnât sa vie. Besoin n'était d'attendre ni de poursuivre; la proie poursuivait le chasseur; elle sifflait, coassait de tous côtés. Des millions d'êtres de nature indécise, oiseaux-crapauds, poissons ailés, infestaient les limites mal tracées des deux éléments. Qu'auriez-vous fait, vous autres, faibles et derniers-nés du monde? L'oiseau vous prépara la terre. Des combats gigantesques eurent lieu contre les monstres énormes, fils du limon; le fils de l'air, l'oiseau, prit taille de géant. Si vos histoires ingrates n'ont pas trace de tout cela, la grande histoire de Dieu le raconte au fond de la terre où elle a déposé les vaincus, les vainqueurs, les monstres exterminés par nous et celui qui les détruisit.

« Vos fictions mensongères nous bercent d'un Hercule humain. Que lui eût servi sa massue contre le plésiosaure? Qui eût attendu face à face cet horrible léviathan? Il y fallait le vol, l'aile forte, intrépide, qui du plus haut lançait, relevait, relançait l'Hercule oiseau, l'épiornis, un aigle de vingt pieds de haut et de cinquante pieds d'envergure, implacable chasseur qui, maître de trois éléments, dans l'air, dans l'eau, dans la vase profonde, suivait le dragon sans repos.

« L'homme eût péri cent fois. Par nous l'homme devint possible sur une terre pacifiée. Mais qui s'étonnera que ces terribles guerres, qui durèrent des milliers d'années, aient usé les vainqueurs, lassé l'Hercule ailé, fait de lui un faible Persée, souvenir effacé, pâli, de nos temps héroïques?

« Baissés de taille, de force, sinon de cœur, affamés par la victoire même, par la disparition des mauvaises races, par la division des éléments qui nous cacha la proie au fond des eaux, nous fûmes sur la terre, dans nos forêts et nos marais, poursuivis à notre tour par les nouveaux venus qui, sans nous, ne seraient pas nés. La malice de l'homme des bois et sa dextérité furent fatales à nos nids.

Lâchement, dans l'épaisseur des branches qui gênent le vol, entravent le combat, il mettait la main sur les nôtres. Nouvelle guerre, celle-ci moins heureuse, qu'Homère appelle la guerre des pygmées et des grues. La haute intelligence des grues, leur tactique vraiment militaire, n'ont pas empêché l'ennemi, l'homme, par mille arts maudits, de prendre l'avantage. Le temps était pour lui, la terre et la nature; elle va desséchant le globe, tarissant les marais, supprimant la région indécise où nous régnâmes. Il en sera de nous, à la longue, comme du castor. Plusieurs espèces périront; peut-être un siècle encore, et le héron aura vécu. »

Histoire trop vraie. Sauf les espèces qui ont pris leur parti, ont délaissé la terre, se sont franchement vouées et sans réserve à l'élément liquide, sauf les plongeurs, le cormoran, le sage pélican et quelques autres, les tribus aquatiques semblent en décadence. L'inquiétude, la sobriété, les maintiennent encore. C'est ce souci persévérant qui a doué le pélican d'un organe tout particulier, lui creusant sous son bec distendu un réservoir mobile, signe vivant d'économie et d'attentive prévoyance.

Plusieurs, comme le cygne, habiles voyageurs, vivent en variant leur séjour. Mais le cygne lui-même, immangeable, ménagé de l'homme pour sa beauté, sa grâce, le cygne, si commun jadis en Italie, et dont Virgile parle sans cesse, y est rare maintenant. On chercherait en vain ces blanches flottes qui couvraient de leurs voiles les eaux du Mincio, les marais de Mantoue, qui pleuraient Phaéton à l'ombre de ses sœurs, ou dans leur vol sublime, poursuivant les étoiles d'un chant harmonieux, leur portaient le nom de Varus.

Ce chant, dont parle toute l'antiquité, est-il une fable? Les organes du chant, qu'on trouve si développés chez le cygne, lui furent-ils toujours inutiles? Ne jouaient-ils pas dans une heureuse liberté quand il avait une atmosphère plus chaude, quand il passait le meilleur de l'année aux doux climats de Grèce et d'Italie? On serait tenté de le croire. Le cygne, refoulé au nord, où ses amours trouvent mystère

et repos, a sacrifié son chant, a pris l'accent barbare, ou il est devenu muet. La muse est morte, l'oiseau a survécu.

Sociable, disciplinée, pleine de tactique et de ressources, la grue, type supérieur d'intelligence dans ces espèces, devait, ce semble, prospérer, se maintenir partout dans son ancien empire. Elle a perdu pourtant deux royaumes : la France, qui ne la voit plus qu'au passage; l'Angleterre, où maintenant elle hasarde rarement de déposer ses œufs.

Le héron, au temps d'Aristote, était plein d'industrie et de sagacité. L'antiquité le consultait sur le beau temps, l'orage, comme un des plus graves augures. Déchu au moyen âge, mais gardant sa beauté, son vol qui monte au ciel, c'était encore un prince, un oiseau féodal; les rois voyaient en lui une chasse de roi et le but du noble faucon. Si bien le chassa-t-on que, sous François Ier, il devint rare : ce roi le loge autour de lui à Fontainebleau, y fait des héronnières. Deux ou trois siècles passent, et Buffon croit encore « qu'il n'y a guère de provinces où des héronnières ne se trouvent. » De nos jours, Toussenel n'en connaît qu'une en France, au nord du moins, dans la Champagne : entre Reims et Épernay, un bois recèle le dernier asile où le pauvre solitaire ose encore cacher ses amours.

Solitaire ! c'est là sa condamnation. Moins sociable que la grue, moins familier que la cigogne, il semble devenu farouche même aux siens, à celle qu'il aime. Court et rare, le désir l'arrache à peine un jour à sa mélancolie. Il tient peu à la vie. Captif, il refuse souvent la nourriture, s'éteint sans plainte et sans regret.

Les oiseaux aquatiques, êtres de grande expérience, la plupart réfléchis et docteurs en deux éléments, étaient, dans leur meilleure époque, plus avancés que bien d'autres. Ils méritaient les ménagements de l'homme. Tous avaient des mérites d'originalité diverse. L'instinct social des grues, leur singulier esprit mimique, les rendaient aimables, amusantes. La jovialité du pélican et son humeur joueuse, la tendresse de l'oie, sa faculté d'attachement, la bonté enfin des cigognes, leur piété pour leurs vieux parents, attestée par tant de témoins, formaient entre ce monde et nous des liens sympathiques que la légèreté humaine n'aurait pas dû briser barbarement.

LES HERONNIERES
D'AMERIQUE

LES

HÉRONNIÈRES D'AMÉRIQUE

WILSON

La décadence du héron est moins sensible en Amérique. Il est moins poursuivi. Les solitudes sont plus vastes. Il trouve encore, sur ses marais chéris, des forêts sombres et presque impénétrables. Dans ces ténèbres il est plus sociable; dix ou quinze ménages s'y établissent ensemble, ou à peu de distance. L'obscurité parfaite des grands cèdres sur les eaux livides les rassure et les réjouit. Vers le haut de ces arbres, ils construisent avec des bâtons une large plate-forme qu'ils couvrent de petites branches : voilà le domicile de la famille et l'abri des amours; là, la ponte tranquille, l'éclosion, l'éducation du vol, les enseignements paternels qui formeront le petit pêcheur. Ils n'ont pas fort à craindre que l'homme vienne les inquiéter dans ces retraites; elles se trouvent non loin de la mer, spécialement dans les Carolines, dans des terrains bas et fangeux, lieux chéris de la fièvre jaune. Tel marais, ancien bras de mer ou de rivière, vieille flaque oubliée derrière dans la retraite des eaux, s'étend parfois, sur la largeur d'un mille, à cinq ou six milles de longueur. L'entrée n'est pas fort invitante; vous voyez un front de troncs d'arbres, tous parfaitement droits et dépouillés de branches, de cinquante ou soixante pieds, stériles jusqu'au sommet, où ils mêlent et rapprochent leurs flèches végétales d'un sombre vert, de manière à garder sur l'eau un crépuscule sinistre. Quelle eau ! une fermentation de feuilles et de débris, où les vieilles souches montent pêle-mêle l'une sur l'autre, le tout d'un jaune sale, où nage à la surface une mousse verte et écumeuse. Avancez : ce qui semble ferme est une mare où vous plongez. Un laurier à chaque pas intercepte le passage; pour passer outre, il faut une lutte pénible avec ses branches, avec des débris d'arbres, des lauriers toujours renaissants. De rares lueurs percent l'obscurité ; ces régions affreuses ont le silence de la mort. Sauf la note mélancolique de deux ou trois petits oiseaux, que l'on entend parfois, ou le héron et son cri enroué, tout est muet, désert; mais que le vent s'élève, de la cime des arbres le triste héron gémit, soupire. Si la tempête vient, ces grands cèdres nus, ces grands mâts, se balancent et se heurtent; toute la forêt hurle, crie, gronde, imite à s'y tromper les loups, les ours, toutes les bêtes de proie.

Aussi ce ne fut pas sans étonnement que, vers 1805, les hérons, si bien établis, virent rôder sous leurs cèdres, en pleine mare, un rare visage, un homme. Un seul était capable de les visiter là, patient, voyageur infatigable, et brave autant que pacifique; l'ami, l'admirateur des oiseaux, Alexandre Wilson.

Si ce peuple avait su le caractère du visiteur, loin de s'en effrayer, il fût venu sans doute à sa rencontre pour lui faire de ses cris, de ses battements d'ailes, un salut amical, une fraternelle ovation.

Dans ces années terribles où l'homme fit de l'homme la plus vaste destruction qui jamais se soit vue, il y avait en Écosse un homme de paix. Pauvre tisserand de Glascow, dans son logis humide et sombre, il rêvait la nature, l'infini des libres forêts, la vie ailée surtout. Son métier de cul-de-jatte, condamné à rester assis, lui donna l'amour extatique du vol et de la lumière. S'il ne prit pas des ailes, c'est que le don sublime n'est encore dans ce monde que le rêve et l'espoir de l'autre. Nul doute qu'aujourd'hui, Wilson, tout à fait affranchi, ne vole, oiseau de Dieu, dans une étoile moins obscure, observant plus à l'aise sur l'aile du condor et de l'œil du faucon.

Il avait essayé d'abord de satisfaire son goût pour les oiseaux en compulsant les livres de gravures qui prétendent les représenter. Lourdes et gauches caricatures qui donnent

une idée ridicule de la forme, et du mouvement rien; or, qu'est-ce que l'oiseau hors la grâce et le mouvement? Il n'y tint pas. Il prit un parti décisif : ce fut de quitter tout, son métier, son pays. Nouveau Robinson Crusoé, par un naufrage volontaire, il voulait s'exiler aux solitudes d'Amérique : là, voir lui-même, observer, décrire, peindre. Il se souvint alors d'une chose : c'est qu'il ne savait ni dessiner, ni peindre, ni écrire. Voilà cet homme fort, patient, et que rien ne pouvait rebuter, qui apprend à écrire très-bien, très-vite. Bon écrivain, artiste infiniment exact, main fine et sûre, il parut, sous sa mère et maîtresse la Nature, moins apprendre que se souvenir.

Armé ainsi, il se lance au désert, dans les forêts, aux savanes malsaines, ami des buffles et convive des ours, mangeant les fruits sauvages, splendidement couvert de la tente du ciel. Où il a chance de voir un oiseau rare, il reste, il campe, il est chez lui. Qui le presse en effet? Il n'a pas de maison qui le rappelle, ni femme, ni enfant qui l'attende. Il a une famille, c'est vrai : mais la grande famille qu'il observe et décrit. Des amis, il en a : ceux qui n'ont pas encore la défiance de l'homme et qui viennent percher à son arbre et causer avec lui.

Et vous avez raison, oiseaux, vous avez là un très-solide ami, qui vous en fera bien d'autres, qui vous fera comprendre, ayant été oiseau lui-même de pensée et de cœur.

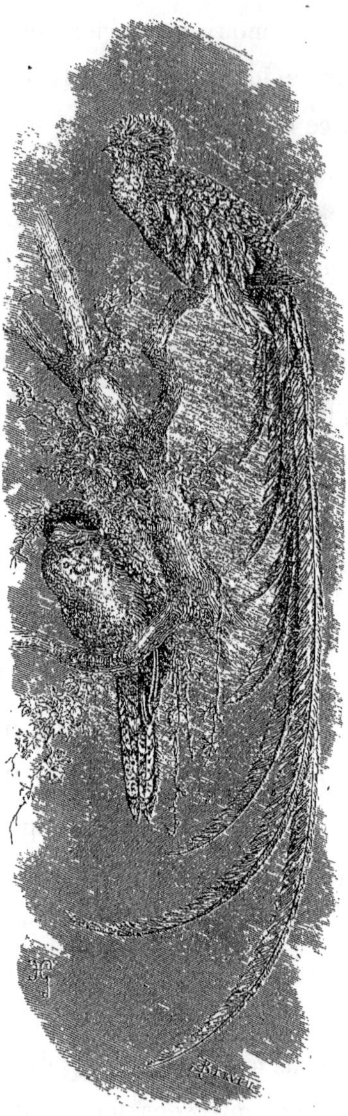

Un jour, le voyageur pénétrant dans vos solitudes, et voyant tel de vous voler et briller au soleil, sera peut-être tenté de sa dépouille, mais se souviendra de Wilson. Pourquoi tuer l'ami de Wilson? Et ce nom lui venant à la mémoire, il baissera son fusil.

Je ne vois pas, au reste, pourquoi on étendrait à l'infini ces massacres d'oiseaux, du moins pour les espèces qui sont dans nos musées, et dans les musées peints de Wilson, d'Audubon, son disciple admirable, dont le livre royal, donnant et la famille, et l'œuf, le nid, la forêt, le paysage même, est une lutte avec la nature.

Ces grands observateurs ont une chose qui les met à part. Leur sentiment est si fin, si précis, que nulle généralité n'y satisfait : ils observent par individu. Dieu ne s'informe pas, je pense, de nos classifications : il crée tel être, s'inquiète peu des lignes imaginaires dont nous isolons les espèces. De même, Wilson ne connaît pas d'oiseaux en général, mais tel individu, de tel âge, de telle plume, dans telles circonstances. Il le sait, l'a vu, revu, et il vous dira ce qu'il fait, ce qu'il mange, comme il se comporte, telle aventure enfin, telle anecdote de sa vie. « J'ai connu un pivert. J'ai souvent vu un baltimore. » Quand il s'exprime ainsi, vous pouvez vous fier à lui ; c'est qu'il a été avec eux en relation suivie, dans une sorte d'amitié et d'intimité de famille. Plût au ciel que nous connussions l'homme à qui nous avons affaire, comme il a connu l'oiseau *qua*, ou le héron des Carolines !

Il est bien entendu et facile à deviner que, quand cet homme-oiseau revint parmi les hommes, il ne trouva personne pour l'entendre. Son originalité toute nouvelle, de précision inouïe ; sa faculté unique d'*individualiser* (seul moyen de refaire, de recréer l'être vivant) fut justement l'obstacle à son succès. Ni les libraires, ni le public, ne voulaient rien que de nobles, hautes et vagues généralités, tous fidèles au précepte du comte de Buffon : Généraliser, c'est ennoblir ; donc prenez le mot général.

Il a fallu le temps, il a fallu surtout que ce génie fécond après sa mort fît un génie semblable, l'exact, le patient Audubon, dont l'œuvre colossale a étonné et conquis le public, démontrant que la vraie et vivante représentation de l'individualité est plus noble et plus grandiose que les œuvres forcées de l'art généralisateur.

La douceur d'âme du bon Wilson, si indignement méconnue, éclate dans sa belle préface. Tel peut la trouver enfantine, mais nul cœur innocent ne se défendra d'en être touché.

« Dans une visite à un ami, je trouvai son jeune fils de huit ou neuf ans qu'on élève à la ville, mais qui, alors à la campagne, venait de recueillir, en courant dans les champs, un beau bouquet de fleurs sauvages de toutes couleurs. Il les présenta à sa mère, dans la plus grande animation, disant : « Chère maman, voyez quelles belles fleurs j'ai « recueillies!... Oh! j'en pourrai cueillir bien d'autres qui « viennent dans nos bois, et plus belles encore! N'est-ce « pas, maman, je vous en apporterai encore? » Elle prit le bouquet avec un sourire de tendresse, admira silencieusement cette beauté simple et touchante de la nature, et lui dit : « Oui, mon fils. » L'enfant partit sur l'aile du bonheur.

« Je me trouvai moi-même dans cet enfant, et je fus frappé de la ressemblance. Si ma terre natale reçoit avec une gracieuse indulgence les échantillons que je lui présente humblement, si elle exprime le désir *que je lui en porte encore plus*, ma plus haute ambition sera satisfaite.

Car, comme dit mon petit ami, nos bois en sont pleins; j'en puis cueillir bien d'autres et plus belles encore. » (Philadelphie, 1808.)

LE COMBAT
LES TROPIQUES

LE COMBAT

LES TROPIQUES

Une dame de nos parentes, qui vivait à la Louisiane, allaitait son jeune enfant. Chaque nuit, son sommeil était troublé par la sensation étrange d'un objet froid et glissant qui aurait tiré le lait de son sein. Une fois, même impression, mais elle était éveillée; elle s'élance, elle appelle, on apporte de la lumière, on cherche, on retourne le lit, on trouve l'affreux nourrisson : un serpent de forte taille et de dangereuse espèce. L'horreur qu'elle en eut lui fit à l'instant perdre son lait.

Levaillant raconte qu'au Cap, dans un cercle, au milieu d'une paisible conversation, la dame de la maison pâlit, jette un cri terrible. Un serpent lui montait aux jambes, un de ceux dont la piqûre fait mourir en deux minutes. A grand'peine on le tua.

Aux Indes, un de nos soldats, reprenant son havre-sac qu'il avait posé, trouve derrière le dangereux serpent noir, le plus venimeux de tous. Il allait le couper en deux. Un bon Indien s'interpose, obtient grâce, prend le serpent. Piqué, il meurt sur le coup.

Telles sont les terreurs de la nature dans ces climats formidables. Mais les reptiles, rares aujourd'hui, n'y sont pas le plus grand fléau. Celui de tous les instants, de tous les lieux, c'est l'insecte. Il est partout, il est dans tout; il a toutes les allures pour venir à vous; il marche, nage, se glisse, vole; il est dans l'air, vous le respirez. Invisible, il se révèle par les plus cuisantes piqûres. Récemment, dans un de nos ports, un employé des archives ouvre un carton de papiers des colonies apporté depuis longtemps. Une mouche en sort furieuse; elle le suit, elle le pique; en deux jours, il était mort.

Les plus endurcis des hommes, les boucaniers et flibustiers, disaient que, de tous les dangers et de toutes les douleurs, ce qu'ils redoutaient le plus, c'étaient les piqûres d'insectes.

Intangibles le plus souvent, invisibles, irrésistibles, ils sont la destruction même, sous la forme inéluctable. Que leur opposer, quand ils viennent en guerre et par légions? Une fois, à la Barbade, on observa une armée immense de grosses fourmis, qui, poussée de causes inconnues, avançait en colonne serrée dans le même sens contre les habitations. En tuer, c'était peine perdue. Nul moyen de les arrêter. On imagina heureusement de faire sur leur route des traînées de poudre auxquelles on mettait le feu. Ces volcans les épouvantèrent, et le torrent peu à peu se détourna de côté.

Nul arsenal du moyen âge, avec toutes les armes étranges dont on se servait alors; nulle boutique de coutelier pour la chirurgie, avec les milliers d'instruments effrayants de l'art moderne, ne peut se comparer aux monstrueuses armures des insectes des tropiques, aux pinces, aux tenailles, aux dents, aux scies, aux trompes, aux tarières, à tous les outils de combat, de mort et de dissection, dont ils vont armés en guerre, dont ils travaillent, percent, coupent, déchirent, divisent finement, avec autant d'adresse et de dextérité que d'âpreté furieuse.

Les plus grands ouvrages n'ont rien qui soit au-dessus des forces de ces terribles légions. Donnez-leur un vaisseau de ligne, que dis-je? une ville à dévorer, ils s'en chargent avec joie. A la longue, ils ont creusé sous Valence, près de Caraccas, des abîmes et des catacombes; elle est maintenant suspendue. Quelques individus de ces tribus dévorantes, malheureusement apportés à la Rochelle, se sont mis à manger la ville, et déjà plus d'un édifice chancelle sur des charpentes qui n'ont plus que l'apparence et dont l'intérieur est rongé.

Que ferait un homme livré aux insectes? On n'ose y penser. Un malheureux, qui était ivre, tomba près d'une charogne. Les insectes qui dépeçaient le mort n'en distinguèrent point le vivant; ils en prirent possession, y entrèrent par toutes les portes, remplirent toutes les cavités naturelles. Nul moyen de le sauver. Il expira au milieu d'effroyables convulsions.

Dans ces brûlantes contrées où la décomposition rapide rend tout cadavre dangereux, où toute mort menace la vie, à l'infini se multiplient ces terribles accélérateurs de la disparition des êtres. Un corps touche à peine la terre qu'il est saisi, attaqué, désorganisé, disséqué. Il en reste à peine les os. La nature, mise en péril par sa propre fécondité, les appelle, les excite, les pique par la chaleur, par l'irritation d'un monde d'épices et de substances âcres. Elle en fait de furieux chasseurs, d'insatiables gloutons. Le tigre et le lion sont des êtres doux, modérés, sobres, en comparaison du vautour; mais qu'est-ce que le vautour devant tel insecte qui parvient, en vingt-quatre heures, à manger trois fois son poids?

La Grèce avait vu la nature sous la noble et froide image de Cybèle traînée par les lions. L'Inde a vu son dieu Syva, dieu de la vie et de la mort, qui sans cesse cligne de l'œil, ne regarde jamais fixement, parce qu'un seul de ses regards mettrait tous les mondes en poudre. Faibles imaginations des hommes en présence de la réalité ! Leurs fictions, que sont-elles devant le brûlant foyer où, par atome ou par seconde, la vie meurt, naît, flamboie, scintille?... Qui pourra en soutenir la foudroyante étincelle sans vertige et sans effroi?

Trop juste et trop légitime l'hésitation du voyageur à l'entrée des redoutables forêts où la nature tropicale, sous des formes souvent charmantes, fait son plus âpre combat. Il y a lieu d'hésiter, quand on sait que l'on considère comme la meilleure défense des forteresses espagnoles un simple bois de cactus qui, planté autour, est bientôt plein de serpents. Vous y sentez fréquemment une forte odeur de musc, odeur fade, odeur sinistre. Elle vous dit que vous marchez sur une terre qui n'est que poussière des morts; débris d'animaux qui ont cette odeur, de chats-tigres, de crocodiles, de vautours, de vipères et de serpents à sonnettes.

Le danger est plus grand peut-être dans ces forêts vierges, où tout vous parle de vie, où fermente éternellement le bouillonnant creuset de la nature.

Ici et là, leurs vivantes ténèbres s'épaississent d'une triple voûte, et par des arbres géants, et par des enlacements de lianes, et par des herbes de trente pieds à larges et superbes feuilles. Par place, ces herbes plongent dans le vieux limon primitif, tandis qu'à cent pieds plus haut, par-dessus la grande nuit, des fleurs altières et puissantes se mirent dans le brûlant soleil.

Aux clairières, aux étroits passages où pénètrent ses rayons, c'est une scintillation, un bourdonnement éternel, des scarabées, papillons, oiseaux-mouches et colibris, pierreries animées et mobiles, qui s'agitent sans repos. La nuit, scène plus étonnante! commence l'illumination féerique des mouches luisantes, qui par milliards de millions font des arabesques fantasques, des fantaisies effrayantes de lumière, des grimoires de feu.

Avec toute cette splendeur, aux parties basses clapote un peuple obscur, un monde sale de caïmans, de serpents d'eau.

Aux troncs des arbres énormes, les fantastiques orchidées, filles aimées de la fièvre, enfants de l'air corrompu, bizarres papillons végétaux, se suspendent et semblent voler. Dans ces meurtrières solitudes, elles se délectent et se baignent dans les miasmes putrides, boivent la mort qui fait leur vie, et traduisent, par le caprice de leurs couleurs inouïes, l'ivresse de la nature.

N'y cédez pas, défendez-vous, ne laissez point gagner au charme votre tête appesantie. Debout! debout! sous cent formes, le danger vous environne. La fièvre jaune est sous ces fleurs, et le *vomito nero;* à vos pieds traînent les reptiles. Si vous cédiez à la fatigue, une armée silencieuse d'anatomistes implacables prendrait possession de vous, et d'un million de lancettes ferait de tous vos tissus une admirable dentelle, une gaze, un souffle, un néant.

A cet abîme engloutissant de mort absorbante, de vie famélique, qu'oppose Dieu qui nous rassure? Un autre abîme non moins affamé, altéré de vie, mais moins implacable à l'homme. Je vois l'oiseau, et je respire.

Quoi! c'est vous, fleurs animées, topazes et saphirs ailés, c'est vous qui serez mon salut? Votre âpreté libératrice, acharnée à l'épuration de cette surabondante et furieuse fécondité, rend seule accessible l'entrée de la dangereuse féerie. Vous absentes, la nature jalouse ferait, sans que le plus hardi eût osé jamais l'observer, son travail mystérieux de fermentation solitaire. Qui suis-je ici? et comment me défendre? Quelle puissance y servirait? L'éléphant, l'ancien mammouth, y périrait sans ressource d'un million de dards mortels. Qui les brave? l'aigle? le condor? Non, un peuple plus puissant, l'intrépide, l'innombrable légion des gobe-mouches.

Oiseaux-mouches et colibris, leurs frères de toutes couleurs, vivent impunément dans ces brillantes solitudes où tout est danger, parmi les plus venimeux insectes, et sur les plantes lugubres dont l'ombre seule fait mourir. L'un d'eux (huppé, vert et bleu), aux Antilles, suspend son nid à l'arbre qui fait la terreur, la fuite de tous les êtres, au spectre dont le regard semble glacer pour toujours, au funèbre mancenillier.

Miracle! il est tel perroquet qui moissonne intrépidement les fruits de l'arbre terrible, s'en nourrit, en prend la livrée et semble, dans son vert sinistre, puiser l'éclat métallique de ses triomphantes ailes.

La vie, chez ces flammes ailées, le colibri, l'oiseau-mouche, est si brûlante, si intense, qu'elle brave tous les poisons. Leur battement d'ailes est si vif que l'œil ne le perçoit pas; l'oiseau-mouche semble immobile, tout à fait sans action. Un *hour! hour!* continuel en sort, jusqu'à ce que, tête basse, il plonge du poignard de son bec au fond d'une fleur, puis d'une autre, en tirant les sucs, et pêle-mêle les petits insectes; tout cela d'un mouvement si rapide que rien n'y ressemble; mouvement âpre, colérique, d'une impatience extrême, parfois emporté de furie, contre qui? contre un gros oiseau qu'il poursuit et chasse à mort, contre une fleur déjà dévastée à qui il ne pardonne pas de ne point l'avoir attendu. Il s'y acharne, l'extermine, en fait voler les pétales.

Les feuilles absorbent, comme on sait, les poisons de l'air, les fleurs les résorbent. Ces oiseaux vivent des fleurs, de ces pénétrantes fleurs, de leurs sucs brûlants et âcres, en réalité, de poisons. Ces acides semblent leur donner et leur âpre cri et l'éternelle agitation de leurs mouvements colériques. Ils contribuent peut-être bien plus directement que la lumière à les colorer de ces reflets étranges qui font

penser à l'acier, à l'or, aux pierres précieuses, plus qu'à des plumes ou à des fleurs.

Le contraste est violent entre eux et l'homme. Celui-ci, partout dans les mêmes lieux, périt ou défaille. Les Européens qui viennent à la lisière de ces forêts pour essayer la culture du cacao et d'autres denrées tropicales ne tardent pas à succomber. Les indigènes languissent, énervés et atrophiés. Le point de la terre où l'homme tombe le plus près de la bête est celui où l'oiseau triomphe, où sa parure extraordinaire, luxueuse et surabondante, lui a mérité son nom d'oiseau du paradis.

N'importe! de tout plumage, de toute couleur, de toute forme, ce grand peuple ailé, vainqueur, dévorateur des insectes, et, dans ces fortes espèces, chasseur acharné des reptiles, s'envole

par toute la terre comme le précurseur de l'homme, épurant, préparant son habitation. Il nage intrépidement sur cette grande mer de mort, sifflante, coassante et grouillante, sur les miasmes terribles, les aspire et les défie.

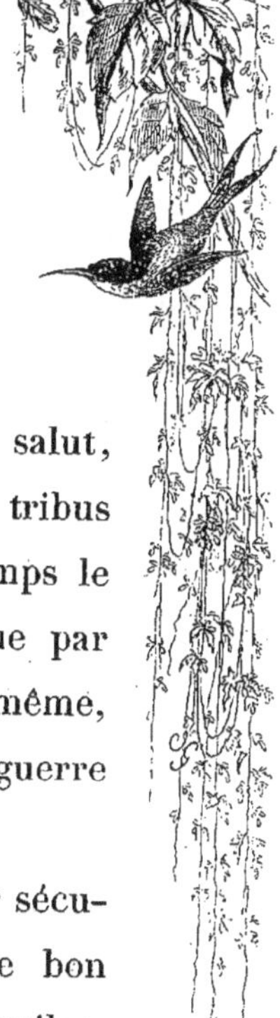

C'est ainsi que la grande œuvre du salut, l'antique combat de l'oiseau contre les tribus inférieures qui durent rendre très-longtemps le monde inhabitable à l'homme, se continue par toute la terre. Les quadrupèdes, l'homme même, n'y ont qu'une faible part. C'est toujours la guerre de l'Hercule ailé.

En lui, les lieux habités ont toute leur sécurité. Dans l'extrême Afrique, au Cap, le bon serpentaire défend l'homme contre les reptiles. Pacifique et d'un doux aspect, il semble accomplir sans colère ses rudes et dangereux combats. Le gigantesque jabiru ne travaille pas moins aux déserts de la Guyane, où l'homme n'ose pas vivre encore. Leurs dangereuses savanes, noyées et séchées tour à tour, océan douteux où fourmille au soleil un peuple terrible de monstres encore inconnus, ont pour habitant supérieur, pour épurateur intrépide, un noble oiseau de combat, à qui la nature a laissé quelque trace des armures antiques dont les oiseaux primitifs furent très-probablement munis dans leur lutte contre le dragon. C'est un dard placé sur la tête, un dard sur chacune des ailes. Du premier, il fouille, éveille, remue dans la fange son ennemi. Les autres le gardent et le protégent; le reptile qui l'étreint, le serre, s'enfonce en même temps les dards, et de sa contraction, de son propre effort, il est poignardé.

Ce bel et vaillant oiseau, dernier-né des mondes antiques et qui reste pour témoigner de ces luttes oubliées, qui naît, vit, meurt sur le limon, sur le cloaque primitif, n'a rien de ce berceau immonde. Je ne sais quel instinct moral l'élève et le tient au-dessus. Sa grande et redoutable voix, qui domine le désert, annonce au loin la gravité, le sérieux héroïque du noble et fier épurateur. Le kamichi, c'est son nom, est rare; à lui seul, il est tout un genre, une classe qui n'est point divisée.

Méprisant l'ignoble promiscuité du bas monde dont il vit, il est seul, il n'a qu'un amour. Sans doute, dans cette vie de guerre, l'amante est un compagnon d'armes : ils aiment et combattent ensemble, ils suivent même destinée. C'est le mariage guerrier dont parle Tacite : *Sic vivendum, sic pereundum* (A la vie et à la mort). Quand cette tendre société, cette consolation, ce secours, manque au kamichi, il dédaigne de prolonger son existence, la rejoint, jamais ne survit.

L'EPURATION

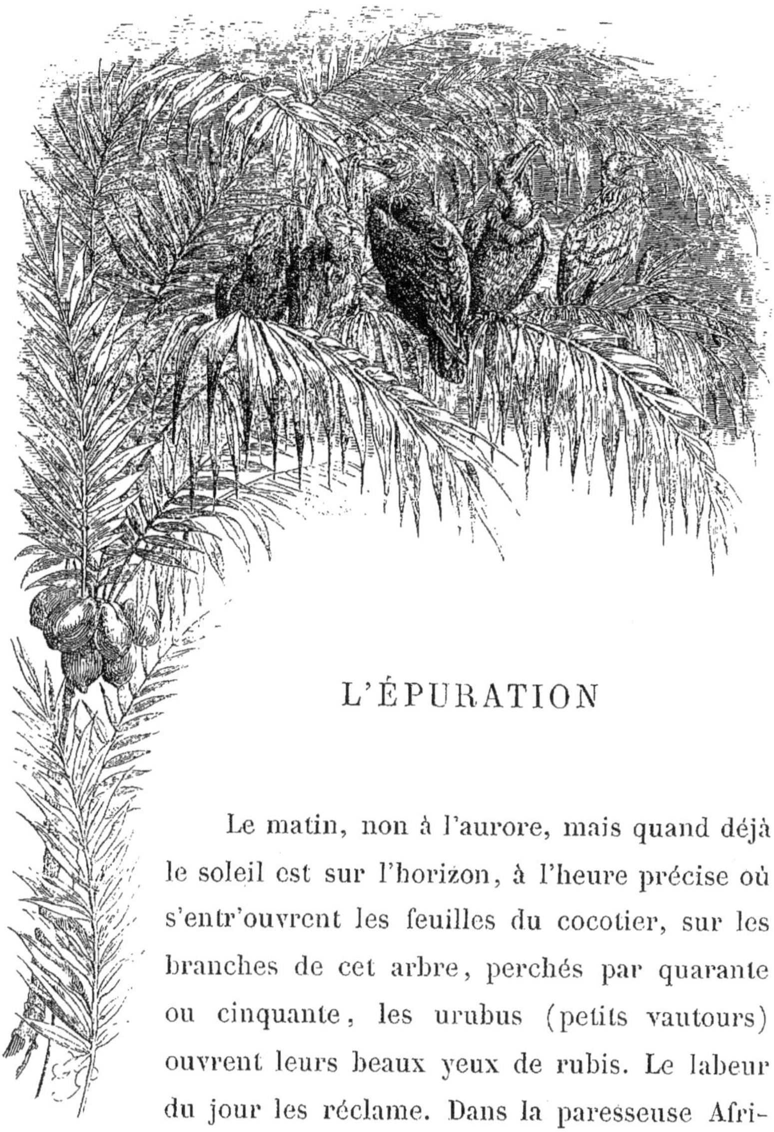

L'ÉPURATION

Le matin, non à l'aurore, mais quand déjà le soleil est sur l'horizon, à l'heure précise où s'entr'ouvrent les feuilles du cocotier, sur les branches de cet arbre, perchés par quarante ou cinquante, les urubus (petits vautours) ouvrent leurs beaux yeux de rubis. Le labeur du jour les réclame. Dans la paresseuse Afrique, cent villages noirs les appellent; dans la somnolente Amérique, au sud de Panama ou Caraccas, ils doivent.

épurateurs rapides, balayer, nettoyer la ville, avant que l'Espagnol se lève, avant que le puissant soleil ait mis en fermentation les cadavres et les pourritures. S'ils y manquaient un seul jour, le pays deviendrait désert.

Quand c'est le soir pour l'Amérique, quand l'urubu, sa journée faite, se replace sur son cocotier, les minarets de l'Asie blanchissent aux rayons de l'aurore. De leurs balcons, non moins exacts que leurs frères américains, vautours, corneilles, cigognes, ibis, partent pour leurs travaux divers : les uns vont aux champs détruire les insectes et les serpents ; les autres, s'abattant dans les rues d'Alexandrie ou du Caire, font à la hâte leurs travaux d'expurgation municipale. S'ils prenaient la moindre vacance, la peste serait bientôt le seul habitant du pays.

Ainsi, sur les deux hémisphères, s'accomplit le grand travail de la salubrité publique avec une régularité merveilleuse et solennelle. Si le soleil est exact à venir féconder la vie, ces épurateurs jurés et patentés de la nature ne sont pas moins exacts à soustraire à ses regards le spectacle choquant de la mort.

Ils semblent ne pas ignorer l'importance de leurs fonctions. Approchez, ils ne fuient point. Quand leurs confrères les corbeaux, qui souvent marchent devant eux et leur désignent leur proie, les ont avertis, vous voyez (on ne sait d'où, comme du ciel) fondre la nuée des vautours. Solitaires de leur nature, et sans communication, silencieux pour la plupart, ils se mettent une centaine au banquet; rien ne les dérange. Nul débat entre eux, nulle attention au passant. Imperturbables, ils accomplissent leurs fonctions dans une âpre gravité : le tout décemment, proprement; le cadavre

disparaît, la peau reste. En un moment, une effrayante masse de fermentation putride dont on n'osait plus approcher a disparu, est rentrée au courant pur et salubre de la vie universelle.

Chose étrange! plus ils nous servent, plus nous les trouvons odieux. Nous ne voulons pas les prendre pour ce qu'ils sont, dans leur vrai rôle, pour de bienfaisants creusets de flamme vivante où la nature fait passer tout ce qui corromprait la vie supérieure. Elle leur a fait dans ce but un appareil admirable qui reçoit, détruit, transforme, sans se rebuter, se lasser, ni même se satisfaire. Ils mangent un hippopotame, et ils restent affamés. Aux mouettes (les vautours de mer) une baleine semble un morceau raisonnable. Elles la dissèquent, la font disparaître mieux que les meilleurs baleiniers. Tant qu'il en reste, elles restent; tirez-les, sous le fusil elles reviennent intrépides. Rien ne fait lâcher le vautour; sur le corps d'un hippopotame, Levaillant en tua un qui, blessé à mort, arrachait encore des morceaux. Était-il à jeun? Point du tout : on lui en trouva six livres qu'il avait dans l'estomac.

Gloutonnerie automatique, plus que de férocité. Si leur figure est triste et sombre, la nature les a la plupart favorisés d'une parure délicate et féminine, le fin duvet blanc de leur cou.

Devant eux, vous vous sentez en présence des ministres de la mort, mais de la mort pacifique, naturelle, et non du meurtre. Ils sont, comme les éléments, sérieux, graves, inaccusables, au fond, innocents, plutôt méritants. Avec cette force de vie qui reprend, dompte, absorbe tout, ils restent, plus qu'aucun être, soumis aux influences générales, dominés par l'atmosphère et la température, essentiellement hygrométriques, de vrais baromètres vivants. L'humidité du matin alourdit leurs pesantes ailes; la plus faible proie, à cette heure, passe impunément devant eux. Tel est leur asservissement à la nature extérieure, que ceux d'Amérique, perchés par rangées uniformes aux branches du cocotier, suivent, nous l'avons dit, à la lettre l'heure où les feuilles se couchent, s'endorment bien avant le soir, et ne se lèvent que quand le soleil, déjà haut sur l'horizon, rouvre avec les feuilles de l'arbre leurs blanches et lourdes paupières.

Ces admirables agents de la bienfaisante chimie qui conserve et équilibre la vie ici-bas travaillent pour nous dans mille lieux où jamais nous ne pénétrâmes. On remarque bien leur présence, leur service dans les villes; mais personne ne peut mesurer leurs bienfaits dans des déserts d'où les vents soufflaient la mort. Dans l'insondable forêt, dans les profonds marécages, sous l'impur ombrage des mangles, des palétuviers, où fermentent, battus, rabattus de la mer, les cadavres des deux mondes, la grande armée épuratrice seconde, abrége l'action et des flots et des insectes. Malheur au monde habité si son travail mystérieux, inconnu, cessait un instant!

En Amérique, la loi protége ces bienfaiteurs publics.

L'Égypte fait plus pour eux : elle les révère et les aime. S'ils n'y ont plus leur culte antique, ils y trouvent l'amicale hospitalité de l'homme, comme au temps de Pharaon. Demandez au fellah d'Égypte pourquoi il se laisse assiéger, assourdir par les oiseaux, pourquoi il souffre patiemment l'insolence de la corneille perchée sur la corne du buffle, sur la bosse du chameau, ou par troupes s'abattant sur les dattiers dont elle fait tomber les fruits : il ne dira rien. Tout est permis à l'oiseau. Plus vieux que les Pyramides, il est l'ancien de la contrée. L'homme n'y est que par lui ; il ne pourrait y subsister sans le persévérant travail de l'ibis, de la cigogne, de la corneille et du vautour.

De là une sympathie universelle pour l'animal, une tendresse instinctive pour toute vie qui, plus qu'aucune autre chose, fait le charme de l'Orient. L'Occident a d'autres splendeurs : l'Amérique n'est pas moins brillante pour le sol et le climat; mais l'attrait moral de l'Asie, c'est le sentiment d'unité qu'on sent dans un monde où l'homme n'a pas divorcé avec la nature, où la primitive alliance est entière encore, où les animaux ignorent ce qu'ils ont à craindre de l'espèce humaine. On en rira, si l'on veut; mais c'est une grande douceur d'observer cette confiance, de voir, à l'appel du brame, les oiseaux voler en foule et manger jusque dans sa main, de voir sur les toits des pagodes les singes dormir en famille, jouant, allaitant leurs petits, en toute sécurité, comme ils feraient au sein des plus profondes forêts.

« Au Caire, dit un voyageur, les tourterelles se sentent

si bien sous la protection publique qu'elles vivent au milieu du bruit même. Tout le jour je les voyais roucouler sur mes contrevents, dans une rue fort étroite, à l'entrée d'un bazar bruyant, et au moment le plus agité de l'année, peu avant

le Ramazan, lorsque les cérémonies de mariage remplissent la ville, jour et nuit, de tapage et de tumulte. Les toits aplatis des maisons, promenade ordinaire des captives du harem et de leurs esclaves, n'en sont pas moins hantés d'une foule d'oiseaux. Les aigles dorment en confiance sur les balcons des minarets. »

Les conquérants n'ont jamais manqué de tourner en dérision cette douceur, cette tendresse pour la nature animée. Les Perses, les Romains en Égypte, nos Européens dans l'Inde, les Français en Algérie, ont souvent outragé, frappé ces frères innocents de l'homme, objets de son respect antique. Un Cambyse tuait la vache sacrée; un Romain, l'ibis ou le chat qui détruit les reptiles immondes. Qu'est-ce pourtant que cette vache? C'est la fécondité de la contrée. Et l'ibis? Sa salubrité. Détruisez ces animaux, le pays n'est plus habitable. Ce qui, à travers tant de malheurs, a sauvé l'Inde et l'Égypte et les a maintenues fécondes, ce n'est ni le Nil ni le Gange : c'est le respect de l'animal, la douceur, le bon cœur de l'homme.

Le mot du prêtre de Saïs au Grec Hérodote est profond : « Vous serez toujours des enfants. »

Nous le serons toujours, hommes de l'Occident, subtiles et légers raisonneurs, tant que nous n'aurons pas, d'une vue plus simple et plus compréhensive, embrassé la raison des choses. Être enfant, c'est ne saisir la vie que par des vues partielles. Être homme, c'est en sentir l'harmonique unité. L'enfant se joue, brise et méprise; son bonheur est de défaire. Et la science enfant est de même; elle n'étudie pas sans tuer; le seul usage qu'elle fasse d'un miracle vivant, c'est de le disséquer d'abord. Nul de nous ne porte dans la science ce tendre respect de la vie que récompense la nature en nous révélant ses mystères.

Entrez dans les catacombes où dorment *les monuments grossiers d'une superstition barbare,* pour parler notre langue hautaine; visitez les collections de l'Inde et de l'Égypte, vous trouvez à chaque pas des intuitions naïves, qui n'en sont pas moins profondes, du mystère essentiel de la vie et de la mort. Que la forme ne vous trompe pas ; n'envisagez pas ceci comme une œuvre artificielle, fabriquée de la main du prêtre. Sous la complexité bizarre et la tyrannie pesante de la forme sacerdotale, je vois partout deux sentiments se produire d'une manière humaine et touchante :

L'effort pour sauver l'âme aimée du naufrage de la mort;

La tendre fraternité de l'homme et de la nature, la religieuse sympathie pour l'animal muet, agent des dieux qui protégea la vie humaine.

L'instinct antique avait vu ce que disent l'observation et la science : que l'oiseau est l'agent du grand passage universel et de la purification, l'accélérateur salutaire de l'échange des substances. Surtout dans les contrées brûlantes où tout retard est un péril, il est, comme le dit l'Égypte, il est la barque de salut qui reçoit la morte dépouille, et la fait passer, rentrer au domaine de la vie et dans le monde des choses pures.

L'âme égyptienne, tendre et reconnaissante, a senti ces bienfaits. Elle ne veut pas du bonheur si elle n'y introduit ses bienfaiteurs, les animaux. Elle ne veut pas se sauver seule. Elle s'efforce de les associer à son immortalité. Elle veut que l'oiseau sacré l'accompagne au royaume sombre, comme pour l'emporter de ses ailes.

LA MORT
LES RAPACES

LA MORT

LES RAPACES

Une de mes plus sombres heures fut celle où, cherchant contre les pensées du temps l'*alibi* de la nature, je rencontrai pour la première fois la tête de la vipère. C'était dans un précieux musée d'imitations anatomiques. Cette tête, merveilleusement reproduite et grossie énormément, jusqu'à rappeler celle du tigre et du jaguar, offrait dans sa forme horrible une chose plus horrible encore. On y saisissait à nu les précautions délicates, infinies, effroyablement prévoyantes, par lesquelles se trouve armée cette puissante machine de mort. Non-seulement elle est pourvue de dents nombreuses, affilées; non-seulement ces dents sont aidées de l'ingénieuse réserve d'un poison qui tue sur l'heure; mais leur extrême finesse, qui les rend sujettes à casser, est compensée par l'avantage que nul animal n'a peut-être : c'est un magasin de dents de rechange, qui viennent à point prendre la place de celle qui se brise en mordant. Oh! que de soins pour tuer! quelle attention pour que la victime ne puisse échapper! quel amour pour cet être horrible!... J'en restai scandalisé, si j'ose dire, et l'âme malade. La grande mère, la Nature, près de laquelle je me réfugiais, m'épouvanta d'une maternité si cruellement impartiale.

Je m'en allais sombre, emportant dans l'esprit plus de brouillard qu'il n'y en avait dans ce jour, l'un des plus noirs de l'hiver. J'étais venu comme un fils, et je sortais comme orphelin, sentant défaillir en moi la notion de la Providence.

Les impressions ne sont guère moins pénibles quand on voit dans nos galeries les séries interminables des oiseaux de mort, brigands de jour et de nuit, masques effrayants d'oiseaux, fantômes qui terrifient le jour même. On est tristement affecté d'observer leurs armes cruelles; je ne dis pas ces becs terribles qui peuvent d'un coup donner la mort, mais ces griffes, ces serres aiguës, ces instruments de torture qui fixent la proie frémissante, prolongent les dernières angoisses et l'agonie de la douleur.

Ah! notre globe est un monde barbare, je veux dire jeune encore, monde d'ébauche et d'essai, livré aux cruelles servitudes : la nuit! la faim! la mort! la peur!... La mort, on la prendrait encore; notre âme contient assez de foi et d'espérance pour l'accepter comme un passage, un degré d'initiation, une porte aux mondes meilleurs. Mais la douleur, hélas! était-il donc si utile de la prodiguer?... Je la sens, je la vois partout, je l'entends... Pour ne pas l'entendre, pour conserver le fil de ma pensée, il me faut boucher mes oreilles. Toute l'activité de mon âme en serait suspendue et tout mon nerf brisé ; je ne ferais plus rien et je n'irais plus en avant; ma vie et ma production en resteraient stériles, anéanties par la pitié !

« Et pourtant la douleur n'est-elle pas l'avertissement qui nous apprend à prévoir et à pourvoir, à nous garder par tous moyens de notre dissolution? Cette cruelle école est l'éveil, l'aiguillon de la prudence pour tout ce qui a vie, une contraction puissante de l'âme sur elle-même, qui autrement se laisserait flotter à la nature, énerver au bonheur, aux douces et débilitantes impressions.

« Ne peut-on dire que le bonheur a une attraction centrifuge qui nous répand tout au dehors, nous détend, nous dissipe, nous évaporerait et nous rendrait aux éléments si l'on s'y livrait tout entier? La douleur, au contraire, éprouvée sur un point, ramène tout au centre, resserre, continue, assure l'existence et la fortifie.

« La douleur est en quelque sorte l'artiste du monde qui nous fait, nous façonne, nous sculpte à la fine pointe d'un impitoyable ciseau. Elle retranche la vie débordante. Et ce qui reste, plus exquis et plus fort, enrichi de sa perte même, en tire le don d'une vie supérieure. »

Ces pensées de résignation m'étaient rappelées par une personne souffrante elle-même et pénétrante, qui voit souvent (même avant moi) mes troubles et mes doutes.

Tel l'individu, tel le monde, disait-elle encore. La terre elle-même a été améliorée par la douleur. La Nature l'a travaillée par la violente action de ces ministres de la mort. Leurs espèces, de plus en plus rares, sont les souvenirs, les témoins d'un état antérieur du globe où pullulait la vie inférieure, où la nature travaillait à purger l'excès de sa fécondité.

On peut remonter en pensée dans l'échelle des nécessités successives de destruction que la terre dut subir alors.

Contre l'air non respirable qui l'enveloppa d'abord, les végétaux furent des sauveurs. Contre l'étouffement, la densité effroyable de ces végétaux inférieurs, bourre grossière qui la couvrait, l'insecte rongeur, qu'on maudit depuis, fut un agent de salut. Contre l'insecte, le crapaud et la masse des reptiles, le reptile venimeux fut un utile expurgateur. Enfin, quand la vie supérieure, la vie ailée prit son vol, elle trouva une barrière contre l'élan trop rapide de sa jeune fécondité dans les légions destructrices des puissants voraces, aigles, faucons ou vautours.

Mais ces destructeurs utiles vont diminuant peu à peu en devenant moins nécessaires. La masse des petits animaux rampants, sur qui principalement frappait la dent de la vipère, s'éclaircissant infiniment, la vipère aussi devient rare. Le monde du gibier ailé s'étant éclairci à son tour, soit par les destructions de l'homme, soit par la disparition de certains insectes dont vivaient les petits oiseaux, on voit d'autant diminuer les odieux tyrans de l'air ; l'aigle devient rare, même aux Alpes, et les prix exagérés, énormes, dont on paye le faucon semblent indiquer que le premier, le plus noble des oiseaux de proie a presque aujourd'hui disparu.

Ainsi la nature gravite vers un ordre moins violent. Est-ce à dire que la mort puisse diminuer jamais? La mort, non, mais bien la douleur.

Le monde tombe peu à peu sous la puissance de l'Être qui seul a la notion du balancement utile de la vie et de la mort, qui peut régler celle-ci de manière à maintenir l'équilibre entre les espèces vivantes, à les favoriser selon leur mérite ou leur innocence, à simplifier, à adoucir et (je hasarderai ce mot) à moraliser la mort en la rendant rapide et dégagée de la douleur.

La mort ne fut jamais notre objection sérieuse. N'est-elle pas un simple masque des transformations de la vie? Mais la douleur est une grave, cruelle, terrible objection. Or, elle ira peu à peu disparaissant de la terre. Les agents de la douleur, les cruels bourreaux de la vie qui l'arrachaient par les tortures sont déjà plus rares ici-bas.

En vérité, quand je regarde au Muséum la sinistre assemblée des oiseaux de proie nocturnes et diurnes, je ne regrette pas beaucoup la destruction de ces espèces. Quelque plaisir que nos instincts personnels de violence, notre admiration de la force, nous fassent prendre à regarder ces brigands ailés, il est impossible de méconnaître sur leurs masques funèbres la bassesse de leur nature. Leurs crânes tristement aplatis témoignent assez qu'énormément favorisés de l'aile, du bec crochu, des serres, ils n'ont pas le moindre besoin d'employer leur intelligence. Leur constitution, qui les a faits les plus rapides des rapides, les plus forts des forts, les a dispensés d'adresse, de ruse et de tactique. Quant au courage qu'on est tenté de leur attribuer, quelle occasion ont-ils de le déployer, ne rencontrant que des ennemis toujours inférieurs? Des ennemis? non, des victimes. Quand la saison rigoureuse, la faim pousse les petits à l'émigration, elle amène en nombre innombrable, au bec de ces tyrans stupides, ces innocents, bien supérieurs en tous sens à leurs meurtriers; elle prodigue les oiseaux artistes, chanteurs, architectes habiles, en proie aux vulgaires assassins; à l'aigle, à la buse, elle sert des repas de rossignols.

L'aplatissement du crâne est le signe dégradant de ces meurtriers. Je les trouve dans les plus vantés, ceux qu'on a le plus flattés, et même dans le noble faucon; noble, il est vrai, je lui conteste moins ce titre, puisque, à la différence de l'aigle et autres bourreaux, il sait donner la mort d'un coup, dédaigne de torturer la proie.

Ces voraces, au petit cerveau, font un contraste frappant avec tant d'espèces aimables, visiblement spirituelles, qu'on trouve dans les moindres oiseaux. La tête des premiers n'est qu'un bec; celle des petits a un visage. Quelle comparaison à faire de ces géants brutes avec l'oiseau intelligent, tout humain, le rouge-gorge qui, dans ce moment, vole autour de moi, sur mon épaule ou mon papier, regardant ce que j'écris, se chauffant au feu, ou curieux, à la fenêtre, observant si le printemps ne va pas bientôt revenir.

S'il fallait choisir entre les rapaces, le dirai-je? autant que l'aigle, j'aimerais certainement le vautour. Je n'ai vu, entre les oiseaux, rien de si grand, si imposant, que nos cinq vautours d'Algérie (au Jardin des Plantes), perchés ensemble comme autant de pachas turcs, fourrés de superbes cravates du plus délicat duvet blanc, drapés d'un noble manteau gris. Grave divan d'exilés qui semblent rouler en eux les vicissitudes des choses et les événements politiques qui les mirent hors de leur pays.

Quelle différence réelle entre l'aigle et le vautour? L'aigle aime fort le sang et préfère la chair vivante, mais

mange fort bien la morte. Le vautour tue rarement, et sert directement la vie, remettant à son service et dans le grand courant de la circulation vitale les choses désorganisées qui en associeraient d'autres à leur désorganisation. L'aigle ne vit guère que de meurtre, et on peut l'appeler le ministre de la mort. Le vautour est au contraire le serviteur de la vie.

La beauté, la force de l'aigle, l'ont fait choisir pour symbole par plus d'un peuple guerrier qui vivait, comme lui, de meurtre. Les Perses, les Romains l'adoptèrent. On l'associa aux hautes idées que donnaient ces grands empires. Des gens graves, un Aristote! accueillirent la fable ridicule qu'il regardait le soleil et, pour éprouver ses petits, le leur faisait regarder. Une fois en si beau chemin, les savants ne s'arrêtèrent plus. Buffon a été au plus loin. Il loue l'aigle sur sa *tempérance!* Il ne mange pas tout, dit-il. Ce qui est vrai, c'est que, pour peu que la proie soit grosse, il se rassasie sur place et rapporte peu à sa famille. Ce roi des airs, dit-il encore, *dédaigne les petits animaux.* Mais l'observation indique précisément le contraire. L'aigle ordinaire s'attaque surtout au plus timide des êtres, au lièvre; l'aigle tacheté, aux canards. Le jean-le-blanc mange de préférence les mulots et les souris, et si avidement qu'il les avale sans même leur donner un coup de bec. L'aigle cul-blanc, ou pygargue, est sujet à tuer ses petits; souvent il les chasse avant qu'ils puissent se nourrir eux-mêmes.

Près du Havre, j'observai ce qu'on peut croire en vérité de la royale noblesse de l'aigle, surtout de sa sobriété. Un aigle qu'on a pris en mer, mais qui est tombé en trop bonnes mains, dans la maison d'un boucher, s'est fait si bien à l'abondance d'une viande obtenue sans combat, qu'il paraît ne rien regretter. Aigle Falstaff, il engraisse et ne se soucie plus guère de la chasse, des plaines du ciel. S'il ne *fixe* plus le soleil, il regarde la cuisine, et se laisse, pour un bon morceau, tirer la queue par les enfants.

Si c'est à la force à donner les rangs, le premier n'est pas à l'aigle, mais à celui qui figure dans les *Mille et une Nuits* sous le nom de l'oiseau Roc, le condor, géant des monts géants, des Cordillères. C'est le plus grand des vautours, le plus rare heureusement, le plus nuisible, n'aimant guère que la proie vivante. Quand il trouve un gros animal, il s'ingurgite tant de viande qu'il ne peut plus remuer ; on le tue à coups de bâton.

Pour bien juger ces espèces, il faut regarder l'aire de l'aigle, le grossier plancher, mal construit, qui lui sert de nid; comparer l'œuvre gauche et rude, je ne dis pas au délicieux chef-d'œuvre d'un nid de pinson, mais aux travaux des insectes, aux souterrains des fourmis, par exemple, où l'industrieux insecte varie son art à l'infini et montre un génie si étrange de prévoyance et de ressources.

L'estime traditionnelle qu'on a pour le courage des grands rapaces est bien diminuée quand on voit (dans Wilson) un petit oiseau, un gobe-mouche, le tyran, ou le martin-pourpre, chasser le grand aigle noir, le poursuivre, le harceler, le proscrire de son canton, ne pas lui donner de repos. Spectacle vraiment extraordinaire de voir ce petit héros, ajoutant son poids à sa force pour faire plus d'impression, monter et se laisser tomber de la nue sur le dos du gros voleur, le chevaucher sans lâcher prise et le chasser du bec au lieu d'éperon.

Sans aller jusqu'en Amérique, vous pourrez, au Jardin des Plantes, voir l'ascendant des petits sur les grands, de l'esprit sur la matière, dans le singulier tête-à-tête du gypaëte et du corbeau. Celui-ci, animal très-fin et le plus fin des rapaces, qui, dans son costume noir, a l'air d'un maître d'école, travaille à civiliser son brutal compagnon de captivité, le gypaëte (aigle-vautour). Il est amusant d'observer comme il lui enseigne à jouer, l'humanise, si l'on peut dire, par cent tours de son métier, dégrossit sa rude nature. Ce spectacle est donné surtout quand le corbeau a un nombre raisonnable de spectateurs. Il m'a paru qu'il dédaigne de montrer son savoir-faire pour un seul témoin. Il tient compte de l'assistance, s'en fait respecter au besoin. Je l'ai vu relancer du bec les petits cailloux qu'un enfant lui avait jetés. Le jeu le plus remarquable qu'il impose à son gros ami, c'est de lui faire tenir par un bout un bâton qu'il tire de l'autre. Cette apparence de lutte entre la force et la faiblesse, cette égalité simulée est très-propre à adoucir le barbare qui s'en soucie peu, mais qui cède à l'insistance et finit par s'y prêter avec une bonhomie sauvage.

En présence de cette figure d'une férocité repoussante, armée d'invincibles serres et d'un bec crochu de fer, qui tuerait du premier coup, le corbeau n'a point du tout peur. Avec la sécurité d'un esprit supérieur, devant cette lourde masse, il va, vient et tourne autour, lui prend sa proie sous le bec; l'autre gronde, mais trop tard; son précepteur, plus agile, de son œil noir, métallique et brillant comme l'acier, a vu le mouvement d'avance, il sautille; au besoin, il monte plus haut d'une branche ou deux, il gronde à son tour, admoneste l'autre.

Ce facétieux personnage a, dans la plaisanterie, l'avantage que donne le sérieux, la gravité, la tristesse de l'habit. J'en voyais un tous les jours dans les rues de Nantes, sur la porte d'une allée, qui, en demi-captivité, ne se consolait de son aile rognée qu'en faisant des niches aux chiens. Il laissait passer les roquets; mais, quand son œil malicieux avisait un chien de belle taille, digne enfin de son courage, il sautillait par derrière, et, par une manœuvre habile, inaperçue, tombait sur lui, donnait (sec et dru) deux piqûres de son fort bec noir; le chien fuyait en criant. Satisfait, paisible et grave, le corbeau se replaçait à son poste, et jamais on n'eût pensé que cette figure de croque-mort vînt de prendre un tel passe-temps.

On dit que, dans la liberté, forts de leur esprit d'association et leur grand nombre, ils hasardent des jeux téméraires jusqu'à guetter l'absence de l'aigle, entrer dans son nid redouté, lui voler ses œufs. Chose plus difficile à croire, on prétend en avoir vu de grosses bandes qui, l'aigle présent et défendant sa famille, venaient l'assourdir de cris, le défier, l'attirer dehors, et parvenaient, non sans combat, à enlever un aiglon.

Tant d'efforts et de danger pour cette misérable proie! Si la chose était réelle, il faudrait supposer que la prudente république, vexée souvent ou poursuivie par le tyran de la contrée, décrète l'extinction de sa race, et croit devoir, par un grand acte de dévouement, coûte que coûte, exécuter le décret.

Leur sagesse paraît en mille choses, surtout dans le choix raisonné et réfléchi de la demeure. Ceux que j'observais à Nantes d'une des collines de l'Erdre passaient le matin sur ma tête, repassaient le soir. Ils avaient évidemment maisons de ville et de campagne. Le jour, ils perchaient en observation sur les tours de la cathédrale, éventant les bonnes proies que pouvait offrir la ville. Repus, ils regagnaient les bois, les rochers bien abrités où ils aiment à passer la nuit. Ce sont gens domiciliés, et non point oiseaux de voyage. Attachés à la famille, à leur épouse surtout, dont ils sont époux très-fidèles, l'unique maison serait le nid. Mais la crainte des grands oiseaux de nuit les décide à dormir ensemble vingt ou trente, nombre

suffisant pour combattre, s'il y avait lieu. Leur haine et leur objet d'horreur, c'est le hibou; quand ils le trouvent le jour, ils prennent leur revanche pour ses méfaits de la nuit, ils le huent, lui donnent la chasse; profitant de son embarras, ils le persécutent à mort.

Nulle forme d'association dont ils ne sachent profiter. La plus douce d'abord, la famille, ne leur fait pas, on le voit, oublier celle de défense, ni la ligue d'attaque. Bien plus, ils s'associent même à leurs rivaux supérieurs, aux vautours, et les appellent, les précèdent ou les suivent, pour manger à leurs dépens. Ils s'unissent, ce qui est plus fort, avec leur ennemi, l'aigle, du moins l'environnent pour profiter de ses combats, de la lutte par laquelle il a triomphé d'un grand animal. Ces spéculateurs habiles attendent à peu de distance que l'aigle ait pris ce qu'il peut prendre, qu'il se soit gorgé de sang; cela fait, il part, et tout est aux corbeaux.

Leur supériorité sensible sur un si grand nombre d'oiseaux doit tenir à leur longue vie et à l'expérience que leur excellente mémoire leur permet de se former. Tout différents de la plupart des animaux où la durée de la vie est proportionnée à la durée de l'enfance, ils sont adultes au bout d'un an, et, dit-on, vivent un siècle.

La grande variété de leur alimentation, qui comprend toute nourriture animale ou végétale, toute proie morte ou vivante, leur donne une grande connaissance des choses et du temps, des récoltes, des chasses. Ils s'intéressent à tout et observent tout. Les anciens qui, bien plus que nous, vivaient dans la nature, trouvaient grandement leur compte à suivre, en cent choses obscures où l'expérience humaine ne donne encore point de lumière, les directions d'un oiseau si prudent, si avisé.

N'en déplaise aux nobles rapaces, le corbeau, qui souvent les guide, malgré sa couleur funèbre et son visage baroque, malgré l'indélicatesse d'alimentation dont il est taxé, n'en est pas moins le génie supérieur des grosses espèces, dont il est, pour le volume, déjà un amoindrissement.

Mais le corbeau, ce n'est encore que la prudence utilitaire, la sagesse de l'intérêt. Pour arriver aux êtres supérieurs, aux héros de la race ailée, grands artistes aux cœurs chaleureux, il nous faut dégrossir l'oiseau, atténuer la matière pour l'exaltation de l'esprit et le développement moral. La nature, comme tant de mères, a du faible pour les plus petits.

2e
PARTIE

LA NUIT

LA LUMIÈRE

LA NUIT

« Lumière! plus de lumière encore! » Tel fut le dernier mot de Gœthe. Ce mot du génie expirant, c'est le cri général de la nature, et il retentit de monde en monde. Ce que disait cet homme puissant, l'un des aînés de Dieu, ses plus humbles enfants, les moins avancés dans la vie animale, les mollusques le disent au fond des mers; ils ne veulent point vivre partout où la lumière n'atteint pas. La fleur veut la lumière, se tourne vers elle, et sans elle languit. Nos compagnons de travail, les animaux, se réjouissent comme nous, ou s'affligent, selon qu'elle vient ou s'en va. Mon petit-fils, qui a deux mois, pleure dès que le jour baisse.

« Cet été, me promenant dans mon jardin, j'entendis, je vis sur une branche un oiseau qui chantait au soleil couchant; il se dressait vers la lumière, et il était visiblement ravi... Je le fus de le voir; nos tristes oiseaux privés ne m'avaient jamais donné l'idée de cette intelligente et puissante créature, si petite, si passionnée... Je vibrais à son chant... Il renversait en arrière sa tête, sa poitrine gonflée : jamais chanteur, jamais poëte n'eut si naïve extase. — Ce n'était pourtant pas l'amour (le temps était passé), c'était manifestement le charme du jour qui le ravissait, celui du doux soleil!

« Science barbare, dur orgueil, qui ravale si bas la nature animée, et sépare tellement l'homme de ses frères inférieurs!

« Je lui dis avec des larmes : « Pauvre fils de la « lumière, qui la réfléchis dans ton chant, que tu as donc « raison de la chanter! La nuit, pleine d'embûches et de « dangers pour toi, ressemble de bien près à la mort. « Verras-tu seulement la lumière de demain? » Puis, de sa destinée, passant en esprit à celle de tous les êtres qui, des profondeurs de la création, montent si lentement au jour, je dis comme Gœthe et le petit oiseau : « De la lumière!

Seigneur! plus de lumière encore! » (MICHELET, *Le Peuple*, p. 62, 1846.)

Le monde des poissons est celui du silence. On dit : « Muet comme un poisson. »

Le monde des insectes est celui de la nuit. Ils sont tous lucifuges. Ceux même, comme l'abeille, qui travaillent le jour, préfèrent pourtant l'obscurité.

Le monde des oiseaux est celui de la lumière, du chant. Tous vivent du soleil, s'en imprègnent ou s'en inspirent. Ceux du Midi en mettent les reflets sur leurs ailes, ceux de nos climats dans leurs chants; beaucoup le suivent de contrées en contrées.

« Voyez, dit Saint-John, comme au matin ils saluent le soleil levant, et le soir, fidèlement, s'assemblent pour voir son coucher de nos rivages d'Écosse. Vers le soir, le coq de bruyère, pour le voir plus longtemps, se hausse et se balance sur la branche du plus haut sapin. »

Lumière, amour et chant, sont pour eux même chose. Si l'on veut que le rossignol captif chante hors du temps

d'amour, on lui couvre sa cage, puis tout à coup on lui rend la lumière, et il retrouve la voix. L'infortuné pinson, que des barbares rendent aveugle, chante avec une animation désespérée et maladive, se créant par la voix sa lumière d'harmonie, se faisant son soleil à lui par la flamme intérieure.

Je croirais volontiers que c'est la cause principale qui fait chanter l'oiseau des climats sombres, où le soleil apparaît en vives éclaircies. Par rapport aux zones brillantes, où il ne quitte pas l'horizon, nos contrées, voilées de brouillards, de nuages, mais brillantes par moments, ont justement l'effet de la cage couverte, puis rouverte, du rossignol. Ils provoquent le chant, font jaillir l'harmonie, équivalent de la lumière.

Et le vol même dans l'oiseau en dépend. Le vol dépend de l'œil tout autant que de l'aile. Chez les espèces douées d'une vue délicate et perçante, comme le faucon, qui du plus haut du ciel voit le roitelet dans un buisson, comme l'hirondelle, qui voit un moucheron à mille pieds de distance, le vol est sûr, hardi, charmant à voir, par son assurance infaillible. D'autres (on le voit à l'allure) sont des myopes qui vont avec précaution, tâtonnent, ont peur de se heurter.

L'œil et l'aile, le vol et la vue, à ce haut degré de puissance qui fait sans cesse embrasser d'un regard, franchir des paysages immenses, de vastes contrées, des royaumes, qui permet, non de rétrécir comme une carte géographique, mais de voir en complet détail, cette grande variété d'objets, de posséder et percevoir presque à l'égal de Dieu! oh! quelle source de jouissance! quel étrange et mystérieux bonheur, presque incompréhensible à l'homme!...

Notez que ces perceptions sont si fortes et si vives qu'elles s'enfoncent dans la mémoire, au point qu'un pigeon même (animal inférieur) retrouve, reconnaît tous les accidents d'une route qu'il n'a parcourue qu'une fois. Qu'est-ce donc de la sage cigogne, de l'avisé corbeau, de l'intelligente hirondelle?

Avouons cette supériorité. Sans envie, regardons ces joies de vision auxquelles peut-être nous parviendrons un jour dans une existence meilleure. Ce bonheur de tant voir, de voir si loin, si bien, de percer l'infini du regard et de l'aile, presque au même moment, à quoi tient-il? A cette vie qui est notre idéal lointain : *Vivre en pleine lumière et sans ombre.*

Déjà l'existence de l'oiseau en est comme un essai. Elle serait pour lui une divine source de science, si, dans cette liberté sublime, il ne portait les deux fatalités qui retiennent ce globe à l'état barbare et y neutralisent l'essor.

Fatalité du ventre, qui nous ralentit tous, mais qui persécute surtout cette flamme vivante, ce foyer dévorant, l'oiseau, forcé sans cesse de se renouveler, de chercher, d'errer, d'oublier, condamné sans remède à la mobilité stérile d'impressions trop variées.

L'autre fatalité, c'est la nuit, le sommeil, les heures de l'ombre et de l'embûche, où son aile est brisée, où, livré sans défense, il perd le vol, la force et la lumière.

Lumière veut dire sécurité pour tous les êtres.

C'est la garantie de la vie pour l'homme et l'animal; c'est comme le sourire rassurant, pacifique et serein, la franchise de la nature. Elle met fin aux terreurs sombres qui nous suivent dans les ténèbres, aux craintes trop fondées, et aussi au tourment des songes, non moins cruels, aux pensées troubles qui agitent et bouleversent l'âme.

Dans la sécurité de l'association civile qu'il s'est faite à la longue, l'homme comprend à peine les angoisses de la vie sauvage aux heures où la nature laisse si peu de défense, où sa terrible impartialité ouvre la carrière à la mort, légitime autant que la vie. En vain vous réclamez. Elle dit à l'oiseau que le hibou aussi a le droit de vivre. Elle répond à l'homme : « Je dois nourrir mes lions. »

Lisez dans les voyages l'effroi des malheureux égarés dans les solitudes d'Afrique, du misérable esclave fugitif qui n'échappe à la barbarie humaine que pour rencontrer une nature barbare. Quelles angoisses, dès qu'au soleil couché commencent à rôder les sinistres éclaireurs du lion, les loups et les chacals, qui l'accompagnent à distance, le précèdent en flairant, ou le suivent en croque-morts ! Ils vous miaulent lamentablement : « Demain, on cherchera tes os. » Mais quelle profonde horreur ! le voici à deux pas... il vous voit, vous regarde, rugit profondément, du gouffre de son gosier d'airain, somme sa proie vivante, l'exige et la réclame !... Le cheval n'y tient pas ; il frissonne, il sue froid, se cabre... L'homme, accroupi entre les feux, s'il peut en allumer, garde à peine la force d'alimenter ce rempart de lumière qui seul protége sa vie.

La nuit est tout aussi terrible pour l'oiseau même en nos climats qui sembleraient moins dangereux. Que de monstres elle cache, que de chances effrayantes pour lui dans son obscurité! Ses ennemis nocturnes ont cela de commun, qu'ils arrivent sans faire aucun bruit. Le chat-huant vole d'une aile silencieuse, comme étoupée de ouate. La longue belette s'insinue au nid, sans frôler une feuille. La fouine ardente, altérée de sang chaud, est si rapide, qu'en un moment elle saigne et parents et petits, égorge la famille entière.

Il semble que l'oiseau, quand il a des enfants, ait une seconde vue de ces dangers. Il a à protéger une famille plus faible, plus dénuée encore que celle du quadrupède dont le petit marche en naissant. Mais quelle protection? Il ne peut guère que rester et mourir, il ne s'envole pas, l'amour lui a cassé les ailes. Toute la nuit, l'étroite entrée du nid est gardée par le père, qui ne dort ni ne veille, qui tombe de fatigue et présente au danger son faible bec et sa tête branlante. Que sera-ce s'il voit apparaître la gueule énorme du serpent, l'œil horrible de l'oiseau de mort, démesurément agrandi?

Inquiet pour les siens, il l'est bien moins pour lui. Au

temps où il est seul, la nature lui épargne les tourments de la prévoyance. Triste et morne plutôt qu'alarmé, il se tait, il s'affaisse, il cache sa petite tête sous son aile, et son cou même disparaît dans les plumes. Cette position d'abandon

complet, de confiance, qu'il avait eue dans l'œuf, dans l'heureuse prison maternelle où sa sécurité fut si entière, il la reprend chaque soir au milieu des dangers et sans protection.

Grande pour tous les êtres est la tristesse du soir, et même pour les protégés. Les peintres hollandais l'ont bien naïvement saisie et exprimée pour les bestiaux laissés dans les prairies. Le cheval se rapproche volontiers de son compagnon, pose sur lui sa tête. La vache revient à la barrière, suivie de son petit, et veut retourner à l'étable. Car ceux-ci ont une étable, un logis, un abri contre les embûches nocturnes. L'oiseau, pour toit, n'a qu'une feuille!

Quel bonheur aussi, le matin, quand les terreurs s'enfuient, que l'ombre disparaît, que le moindre buisson s'éclaire et s'illumine! quel gazouillement au bord des nids, et quelles vives conversations! C'est comme une félicitation mutuelle de se revoir, de vivre encore. Puis commencent les chants. Du sillon, l'allouette va montant et chantant, et elle porte jusqu'au ciel la joie de la terre.

Tel l'oiseau, et tel homme. C'est l'impression universelle. Les antiques Védas de l'Inde sont à chaque ligne un hymne à la lumière, gardienne de la vie, au soleil qui chaque jour, en révélant le monde, le crée encore et le conserve. Nous revivons, nous respirons, nous parcourons notre demeure, nous retrouvons la famille, nous comptons nos troupeaux. Rien n'a péri, et la vie est entière. Le tigre ne nous a pas surpris. La horde des aninaux sauvages n'a pas fait invasion. Le noir serpent n'a pas profité de notre sommeil. Béni sois-tu, soleil, de nous donner encore un jour!

Tout animal, dit l'Inde, et surtout le plus sage, *le brame de la création*, l'éléphant, saluent le soleil, et le remercient à l'aurore; ils lui chantent en eux-mêmes un hymne de reconnaissance.

Mais un seul le prononce, le dit pour tous, le chante. Qui? L'un des faibles, celui qui craint le plus la nuit et qui sent le plus la joie du matin, celui qui vit de lumière, dont la vue tendre, infiniment sensible, étendue, pénétrante, en perçoit tous les accidents, et qui est plus intimement associé aux défaillances, aux éclipses du jour, à ses résurrections.

L'oiseau, pour la nature entière, dit l'hymne du matin et la bénédiction du jour. Il est son prêtre et son augure, sa voix innocente et divine.

L'ORAGE ET L'HIVER
MIGRATIONS

L'ORAGE ET L'HIVER

MIGRATIONS

Un confident de la nature, âme sacrée, simple autant que profonde, Virgile, a vu l'oiseau, comme l'avait vu la vieille sagesse italienne, comme augure et prophète du changement du ciel :

Nul, sans être averti, n'éprouva les orages...
La grue, avec effroi, s'élançant des vallées,
Fuit ces noires vapeurs de la terre exhalées...
L'hirondelle en volant effleure le rivage;
Tremblante pour ses œufs, la fourmi déménage.
Des lugubres corbeaux les noires légions
Fendent l'air, qui frémit sous leurs longs bataillons...

Vois les oiseaux de mer, et ceux que les prairies
Nourrissent près des eaux sur des rives fleuries.
De leur séjour humide on les voit s'approcher,
Offrir leur tête aux flots qui battent le rocher,
Promener sur les eaux leur troupe vagabonde,
Se plonger dans leur sein, reparaître sur l'onde,
S'y replonger encor, et, par cent jeux divers,
Annoncer les torrents suspendus dans les airs.
Seule, errante à pas lents sur l'aride rivage,
La corneille enrouée appelle aussi l'orage.
Le soir, la jeune fille, en tournant son fuseau,
Tire encor de sa lampe un présage nouveau,
Lorsque la mèche en feu, dont la clarté s'émousse,
Se couvre en petillant de noirs flocons de mousse.
. . . .
Mais la sécurité reparaît à son tour...
L'alcyon ne vient plus sur l'humide rivage,
Aux tiédeurs du soleil étaler son plumage...
L'air s'éclaircit enfin; du sommet des montagnes,
Le brouillard affaissé descend dans les campagnes,
Et le triste hibou, le soir, au haut des toits,
En longs gémissements ne traîne plus sa voix.
Les corbeaux même, instruits de la fin de l'orage,
Folâtrent à l'envi parmi l'épais feuillage,
Et, d'un gosier moins rauque, annonçant les beaux jours,
Vont revoir dans leurs nids le fruit de leurs amours.

(*Géorg.* trad. par DELILLE.)

Être éminemment électrique, l'oiseau est plus qu'aucun autre en rapport avec nombre de phénomènes de météorologie, de chaleur et de magnétisme que nos sens ni notre appréciation n'atteignent pas. Il les perçoit dans leur naissance, dans leurs premiers commencements, bien avant qu'ils ne se prononcent. Il en a comme une espèce de prescience physique. Quoi de plus naturel que l'homme, d'une perception plus lente, et qui ne les sent qu'après coup, interroge ce précurseur instinctif qui les annonce? C'est le principe des augures. Rien de plus sage que cette prétendue folie de l'antiquité.

La météorologie, spécialement, en tirait un grand avantage. Elle aura des moyens plus sûrs. Mais déjà elle trouvait un guide dans la prescience des oiseaux. Plût au ciel que Napoléon, en septembre 1811, eût tenu compte du passage prématuré des oiseaux du Nord! Les cigognes et les grues l'auraient bien informé. Dans leur émigration précoce, il eût deviné l'imminence du grand et terrible hiver. Elles se hâtèrent vers le Midi, et lui, il resta à Moscou.

Au milieu de l'Océan, l'oiseau fatigué qui repose une nuit sur le mât d'un vaisseau, entraîné loin de sa route par ce mobile abri, la retrouve néanmoins sans peine. Il reste dans un rapport si parfait avec le globe et si bien orienté, que, le lendemain matin, il prend le vent sans hésiter : la plus courte consultation avec lui-même lui suffit. Il choisit, sur l'abîme immense, uniforme et sans autre voie que le sillage du vaisseau, la ligne précise qui le mène où il veut aller. Là, ce n'est point comme sur terre, nulle observation locale, nul point de repère, nul guide : les seuls courants de l'air, en rapport avec ceux de l'eau, peut-être aussi d'invisibles courants magnétiques, pilotent ce hardi voyageur.

Science étrange! non-seulement l'hirondelle sait en Europe que l'insecte qui lui manque ici l'attend ailleurs, et le cherche en voyageant en longitude; mais, en latitude même et sous les mêmes climats, le loriot des États-Unis sait que la cerise est mûre en France, et part sans hésitation pour venir récolter nos fruits.

On croit à tort que ces migrations se font en leur saison, sans choix précis du jour, à époques indéterminées. Nous avons pu observer au contraire la nette et lucide décision qui y préside : pas une heure plus tôt ni plus tard.

Quand nous étions à Nantes (octobre 1851), la saison étant très-belle encore, les insectes nombreux et la pâture des hirondelles facile et plantureuse, nous eûmes cet heureux hasard de voir la sage république, en une immense et bruyante assemblée, siéger, délibérer sur le toit d'une église, Saint-Félix, qui domine l'Erdre, et, de côté, la Loire. Pourquoi ce jour, cette heure plutôt qu'une autre? Nous l'ignorions; bientôt nous pûmes le comprendre.

Le ciel était beau le matin, mais avec un vent qui soufflait de la Vendée. Mes pins se lamentaient, et de mon cèdre ému sortait une basse et profonde voix. Les fruits jonchaient la terre. Nous nous mîmes à les ramasser. Peu à peu le temps se voila, le ciel devint fort gris, le vent tomba, tout devint morne. C'est alors, vers quatre heures, qu'en même temps de tous les points, et du bois, et de l'Erdre, et de la ville, et de la Loire, de la Sèvre, je pense, d'infinies légions, à obscurcir le jour, vinrent se condenser sur l'église, avec mille voix, mille cris, des débats, des discussions. Sans savoir cette langue, nous devinions très-bien qu'on n'était pas d'accord. Peut-être les jeunes, retenus par ce souffle tiède d'automne, auraient voulu rester encore. Mais les sages, les expérimentés, les voyageurs éprouvés insistaient pour le départ. Ils prévalurent; la masse noire, s'ébranlant à la fois comme un immense nuage, s'envola vers le sud-est, probablement vers l'Italie. Ils n'étaient pas à trois cents lieues (quatre ou cinq heures de vol) que toutes les cataractes du ciel s'ouvrirent pour abîmer la terre; nous crûmes un moment au déluge. Retirés dans notre maison qui tremblait aux vents furieux, nous admirions la sagesse des devins ailés qui avaient si prudemment devancé l'époque annuelle.

Évidemment ce n'était pas la faim qui les avait chassés. En présence d'une nature belle et riche encore, ils avaient senti, saisi l'heure précise sans la devancer. Le lendemain, c'eût été tard. Tous les insectes, abattus par cette immensité de pluie, étaient devenus introuvables; tout ce qui en subsistait vivant s'était réfugié dans la terre.

Du reste, ce n'est pas la faim seule, la prévoyance de la faim, qui décide aux migrations les espèces voyageuses. Si ceux qui vivent d'insectes sont forcés de partir, les mangeurs de baies sauvages pourraient rester à la rigueur. Qui les pousse? Est-ce le froid? la plupart y résisteraient. A ces causes spéciales il faut en ajouter une autre, plus générale et plus haute, c'est le besoin de la lumière.

De même que la plante suit invinciblement le jour et le soleil, de même que le mollusque (nous l'avons dit) s'élève et vit de préférence vers les régions mieux éclairées, l'oiseau, dont l'œil est si sensible, s'attriste des jours abrégés, des brouillards de l'automne. Cette diminution de lumière, que nous aimons parfois pour telles causes morales, elle est pour lui une tristesse, une mort... De la lumière! plus de lumière!... Plutôt mourir que de ne plus voir le jour! C'est le vrai sens du dernier chant d'automne, du dernier cri, à leur départ d'octobre. Je l'entendais dans leurs adieux.

Résolution vraiment hardie et courageuse quand on songe à la route immense qu'il leur faut faire deux fois par an, par delà les montagnes, les mers et les déserts, sous des climats si différents, par des vents variables, à travers tant de périls et de tragiques aventures. Pour les voiliers légers, hardis, pour le martinet des églises, pour la vive hirondelle qui défie le faucon, l'entreprise est légère peut-être. Mais les autres tribus n'ont nullement cette force et ces ailes; elles sont la plupart appesanties alors par une nourriture abondante; elles ont traversé la brûlante saison, l'amour et la maternité; la femelle a achevé ce grand travail de la nature, enfanté, bâti, élevé; lui, comme il s'est dépensé en chansons! Ces deux époux ont consommé la vie : « une vertu est sortie d'eux ; » un siècle déjà les sépare de leur énergie du printemps.

Beaucoup pourraient rester; un aiguillon les pousse. Les plus lourds sont les plus ardents. La caille française franchira la Méditerranée, dépassera l'Atlas; par-dessus le Zaarah, elle plonge aux royaumes noirs, les passe encore; enfin, si elle stationne au Cap, c'est qu'au delà commence l'infinie mer australe, qui ne lui promet plus d'abri que les glaçons du pôle et l'hiver même qui l'exila d'Europe.

Qui les rassure pour de telles entreprises? Tels se fient à leurs armes, les plus faibles à leur nombre, et s'abandonnent au sort; le ramier se dit : « Sur dix mille ou cent mille, l'assassin n'en prendra pas dix,... et sans doute je n'en serai pas. » Il prend son temps; la nue volante passe la nuit; si la lune se lève, sur sa blanche lumière les blanches ailes se détachent peu; ils échappent confondus dans le pâle rayon. La vaillante alouette, l'oiseau national de notre Gaule antique et de l'invincible espérance, se fie au nombre aussi; elle passe de jour (plutôt elle erre de province en province); décimée, poursuivie, elle n'en chante pas moins sa chanson.

Mais celui qui n'a pas le nombre et qui n'a pas la force, le solitaire, que fera-t-il? Que feras-tu, pauvre rossignol isolé, qui dois, comme les autres, mais sans appui, sans camarades, affronter la grande aventure? Toi, qu'es-tu, ami? Une voix. Nulle puissance en toi que celle qui te dénoncerait. Dans ton habit obscur tu dois passer muet, confondu avec les teintes des bois décolorés d'automne. Mais quoi! la feuille est pourpre encore; elle n'a pas le brun sourd et mort de l'arrière-saison.

Eh! que ne restes-tu? que n'imites-tu la timidité de tant d'oiseaux qui ne vont qu'en Provence? Là, derrière un rocher, tu trouverais, je t'assure, un hiver d'Asie ou d'Afrique. La gorge d'Ollioules, vaut bien les vallées de Syrie.

« Non, il me faut partir. D'autres peuvent rester; ils n'ont que faire de l'Orient. Moi, mon berceau m'appelle : il faut que je revoie ce ciel éblouissant, ces ruines lumineuses et parées où mes aïeux chantèrent; il faut que je me pose sur mon premier amour, sur la rose d'Asie, que je me baigne de soleil... Là est le mystère de la vie, là la flamme féconde où renaîtra mon chant; ma voix, ma muse est la lumière. »

Donc, il part; mais je crois que le cœur doit lui battre dès l'approche des Alpes, quand les cimes neigeuses annoncent la porte redoutable où posent sur leurs rocs les cruels fils du jour et de la nuit, le vautour, l'aigle, tous les brigands griffus, crochus, altérés de sang chaud, les espèces maudites qui sont la sotte poésie de l'homme, les uns *nobles* brigands qui saignent vite et sucent, d'autres brigands *ignobles* qui étouffent, détruisent, toutes les formes enfin du meurtre et de la mort.

Je me figure qu'alors le pauvre petit musicien dont la voix est éteinte, non l'*ingegno* ni la fine pensée, n'ayant personne à consulter, se pose pour bien songer encore avant d'entrer dans le long piége du défilé de la Savoie. Il s'arrête à l'entrée, sur une maison amie que je sais bien, ou au bois sacré des Charmettes, délibère et se dit : « Si je passe de jour, ils sont tous là; ils savent la saison; l'aigle fond sur moi, je suis mort. Si je passe de nuit, le grand duc, le hibou, l'armée des horribles fantômes, aux yeux grandis dans les ténèbres, me prend, me porte à ses petits... Las! que ferai-je? J'essayerai d'éviter et la nuit et le jour. Aux sombres heures du matin, quand l'eau froide détrempe et morfond sur son aire la grosse bête féroce qui ne sait pas bâtir un nid, je passe inaperçu... Et quand il me verrait, j'aurais passé avant qu'il pût mettre en mouvement le pesant appareil de ses ailes mouillées. »

Bien calculé. Pourtant, vingt accidents surviennent. Parti en pleine nuit, il peut, dans cette longue Savoie, rencontrer de front le vent d'est qui s'engouffre et qui le retarde, qui brise son effort et ses ailes... Dieu! il est déjà jour... Ces mornes géants, en octobre, déjà vêtus de blancs manteaux, laissent voir sur leur neige immense un point noir qui vole à tire-d'aile. Qu'elles sont déjà lugubres, ces montagnes, et de mauvais augure, sous ce grand linceul à longs plis!... Tout immobiles que sont leurs pics, ils créent sous eux et autour d'eux une agitation éternelle, des courants violents, contradictoires, qui se battent entre eux, si furieux parfois qu'il faut attendre. « Que je passe plus bas, les torrents qui hurlent dans l'ombre avec un fracas de noyades ont des trombes qui m'entraîneront. Et si je monte aux hautes et froides régions qui s'illuminent, je me livre moi-même : le givre saisira, ralentira mes ailes. »

Un effort l'a sauvé. La tête en bas, il plonge, il tombe

en Italie. A Suze ou vers Turin, il niche, il raffermit ses ailes. Il se retrouve au fond de la gigantesque corbeille lombarde, de ce grand nid de fruits et de fleurs où l'écouta Virgile. La terre n'a pas changé; aujourd'hui comme alors, l'Italien, exilé chez lui, triste cultivateur du champ d'un autre, le *durus arator*, poursuit le rossignol. Mangeur d'insectes, si utile, il est proscrit comme un mangeur de grains. Qu'il passe donc, s'il peut, l'Adriatique d'île en île, malgré les corsaires ailés qui veillent sur les mêmes écueils; il arrivera peut-être à la terre sacrée des oiseaux, à la bonne, hospitalière et plantureuse Égypte, où tous sont épargnés, nourris, bénis et bien reçus.

Terre plus heureuse encore, si dans son aveugle hospitalité elle ne choyait les assassins. Rossignols et tourterelles sont accueillis, c'est vrai; mais non moins bien les aigles. Sur ces terrasses des sultanes, sur ces balcons des minarets, ah! pauvre voyageur! je vois des yeux brillants, terribles, qui se tournent de ce côté... Et je vois qu'ils t'ont vu déjà!

N'y reste pas longtemps. Ta saison ne durera guère. Le vent destructif du désert s'en va souffler à mort, sécher, faire disparaître ta maigre nourriture. Pas une mouche tout à l'heure pour nourrir ton aile et ta voix. Souviens-toi du vieux nid que tu as laissé dans nos bois, de tes amours d'Europe. Le ciel était plus sombre, mais tu t'y fis un ciel.

L'amour était autour de toi ; tous vibraient de t'entendre ; la plus pure palpitait pour toi... C'est là le vrai soleil, le plus bel Orient. La vraie lumière est où l'on aime.

DES MIGRATIONS
L'HIRONDELLE

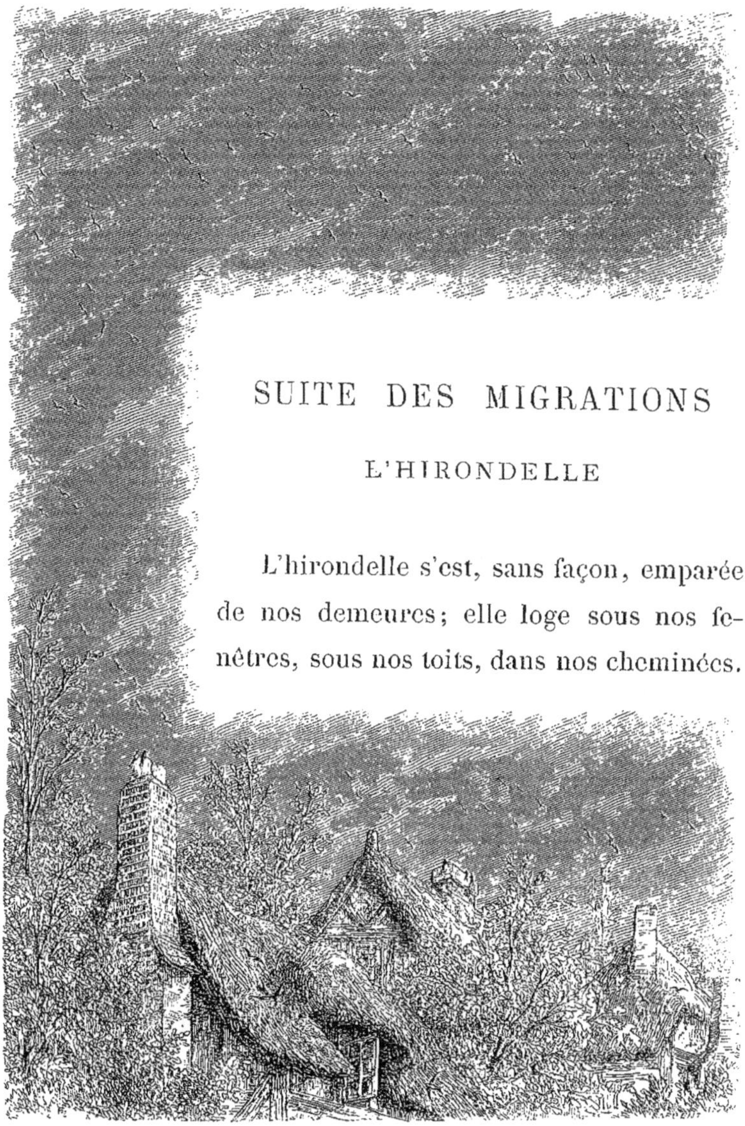

SUITE DES MIGRATIONS

L'HIRONDELLE

L'hirondelle s'est, sans façon, emparée de nos demeures; elle loge sous nos fenêtres, sous nos toits, dans nos cheminées.

Elle n'a point du tout peur de nous. On dira qu'elle se fie à son aile incomparable; mais non : elle met aussi son nid, ses enfants à notre portée. Voilà pourquoi elle est devenue la maîtresse de la maison. Elle n'a pas pris seulement la maison, mais notre cœur.

Dans un logis de campagne où mon beau-père faisait l'éducation de ses enfants, l'été, il leur tenait la classe dans une serre où les hirondelles nichaient, sans s'inquiéter du mouvement de la famille, libres dans leurs allures, tout occupées de leur couvée, sortant par la fenêtre et rentrant par le toit, jasant avec les leurs très-haut, et plus haut que le maître, lui faisant dire, comme disait saint François : « Sœurs hirondelles, ne pourriez-vous vous taire? »

Le foyer est à elles. Où la mère a niché, nichent la fille et la petite-fille. Elles y reviennent chaque année; leurs générations s'y succèdent plus régulièrement que les nôtres. La famille s'éteint, se disperse, la maison passe à d'autres mains, l'hirondelle y revient toujours; elle y maintient son droit d'occupation.

C'est ainsi que cette voyageuse s'est trouvée le symbole de la fixité du foyer. Elle y tient tellement que la maison réparée, démolie en partie, longtemps troublée par les maçons, n'en est pas moins souvent reprise et occupée par ces oiseaux fidèles, de persévérant souvenir.

C'est *l'oiseau du retour*. Si je l'appelle ainsi, ce n'est pas seulement pour la régularité du retour annuel, mais pour son allure même, et la direction de son vol, si varié, mais pourtant circulaire, et qui revient toujours sur lui.

Elle tourne et *vire* sans cesse, elle plane infatigablement autour du même espace et sur le même lieu, décrivant une infinité de courbes gracieuses qui varient, mais sans s'éloigner. Est-ce pour suivre sa proie, le moucheron qui danse et flotte en l'air? est-ce pour exercer sa puissance, son aile infatigable, sans s'éloigner du nid? N'importe, ce vol circulaire, ce mouvement éternel de retour, nous a toujours pris les yeux et le cœur, nous jetant dans le rêve, dans un monde de pensées.

Nous voyons bien son vol, jamais, presque jamais sa petite face noire. Qui donc es-tu, toi qui te dérobes toujours, qui ne me laisses voir que tes tranchantes ailes, faux rapides comme celle du Temps? Lui, il s'en va sans cesse; toi, tu reviens toujours. Tu m'approches, tu m'en veux, ce semble, tu me rases, voudrais me toucher?... Tu me caresses de si près, que j'ai au visage le vent, et presque le coup de ton aile... Est-ce un oiseau? est-ce un esprit?... Ah! si tu es une âme, dis-le-moi franchement, et dis-moi cet obstacle qui sépare le vivant des morts. Nous le serons demain; nous sera-t-il donné de venir à tire-d'aile revoir ce cher foyer de travail et d'amour? de dire un mot encore, en langue d'hirondelle, à ceux qui, même alors, garderont notre cœur?

Mais n'anticipons pas, et n'ouvrons pas la source amère. Prenons-le plutôt, cet oiseau, dans les pensées du peuple, dans la bonne vieille sagesse populaire, plus voisine sans doute de la pensée de la nature.

Le peuple n'y a vu que l'horloge naturelle, la division des saisons, des deux grandes *heures de l'année*. A Pâques et à la Saint-Michel, aux époques des réunions, des foires et marchés, des baux et fermages, l'hirondelle apparaît, blanche et noire, et nous dit le temps. Elle vient couper et marquer la saison passée, la nouvelle. On se réunit ces jours-là, mais on ne se retrouve pas toujours; les six mois ont fait disparaître celui-ci, celui-là. L'hirondelle revient, mais pas pour tous; car plusieurs sont partis pour un très-long voyage, plus que *le tour de France*. Et d'Allemagne? Non, plus loin encore.

Nos *compagnons*, ouvriers voyageurs, suivaient la vie de l'hirondelle, sauf qu'au retour souvent ils ne retrouvaient plus le nid. L'oiseau prudent les en avise dans un vieux dicton allemand, où la petite sagesse populaire veut les retenir au foyer. Sur ce dicton, le grand poëte Rückert, se faisant lui-même hirondelle, reproduisant son vol rhythmique, circulaire, son constant retour, en a tiré ce chant, dont tel peut rire ; mais plus d'un en pleurera :

De la jeunesse, de la jeunesse,
Un chant me revient toujours...
Oh! que c'est loin! Oh! que c'est loin
Tout ce qui fut autrefois ;

Ce que chantait, ce que chantait
Celle qui ramène le printemps,
Rasant le village de l'aile, rasant le village de l'aile,
Est-ce bien ce qu'elle chante encore?

« Quand je partis, quand je partis,
Étaient pleins l'armoire et le coffre.
Quand je revins, quand je revins,
Je ne trouvai plus que le vide. »

O mon foyer de famille,
Laisse-moi seulement une fois
M'asseoir à la place sacrée
Et m'envoler dans les songes!

Elle revient bien l'hirondelle,
Et l'armoire vidée se remplit.
Mais le vide du cœur reste, mais reste le vide du cœur.
Et rien ne le remplira.

Elle rase pourtant le village,
Elle chante comme autrefois...
« Quand je partis, quand je partis,
Coffre, armoire, tout était plein.
Quand je revins, quand je revins,
Je ne trouvai plus que le vide. »

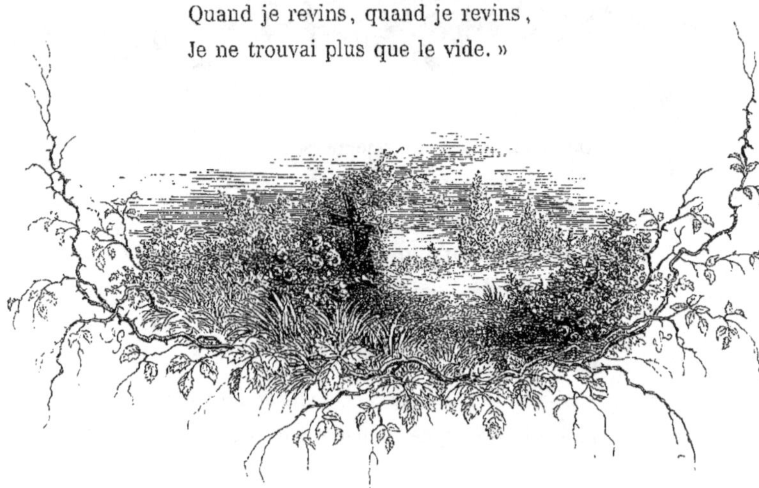

L'hirondelle, prise dans la main et envisagée de près, est un oiseau laid et étrange, avouons-le; mais cela tient précisément à ce qu'elle est l'*oiseau* par excellence, l'être entre tous né pour le vol. La nature a tout sacrifié à cette destination : elle s'est moquée de la forme, ne songeant qu'au mouvement; et elle a si bien réussi, que cet oiseau, laid au repos, au vol est le plus beau de tous.

Des ailes en faux, des yeux saillants, point de cou (pour tripler la force); de pied, peu ou point : tout est aile. Voilà les grands traits généraux. Ajoutez un très-large bec, toujours ouvert, qui happe sans arrêter, au vol, se ferme et se rouvre encore. Ainsi, elle mange en volant, elle boit, se baigne en volant, en volant nourrit ses petits.

Si elle n'égale pas en ligne droite le vol foudroyant du faucon, en revanche elle est bien plus libre; elle tourne, fait cent cercles, un dédale de figures incertaines, un labyrinthe de courbes variées, qu'elle croise, recroise à l'infini. L'ennemi s'y éblouit, s'y perd, s'y brouille, et ne sait plus que faire. Elle le lasse, l'épuise; il renonce, et la laisse non fatiguée. C'est la vraie reine de l'air; tout l'espace lui appartient par l'incomparable agilité du mouvement. Qui peut changer ainsi à tout moment d'élan et tourner court? Personne. La chasse infiniment variée et capricieuse d'une proie toujours tremblotante, de la mouche, du cousin, du scarabée, de mille insectes qui flottent et ne vont point en ligne droite, c'est sans nul doute la meilleure école du vol, et ce qui rend l'hirondelle supérieure à tous les oiseaux.

La nature, pour arriver là, pour produire cette aile unique, a pris un parti extrême, celui de supprimer le pied. Dans la grande hirondelle d'église, qu'on appelle martinet, le pied est atrophié. L'aile y gagne : on croit que le martinet fait jusqu'à quatre-vingts lieues par heure. Cette épouvantable vitesse l'égale à la frégate même. Le pied, fort court chez la frégate, n'est chez le martinet qu'un tronçon; s'il pose, c'est sur le ventre : aussi, il ne pose guère. Au rebours de tout autre être, le mouvement seul est son repos. Qu'il se lance des tours, se laisse aller en l'air, l'air le berce amoureusement, le porte et le délasse. Qu'il veuille s'accrocher, il le peut de ses faibles petites griffes. Mais qu'il pose, il est infirme et comme paralytique, il sent toute aspérité; la dure fatalité de la gravitation l'a repris; le premier des oiseaux semble tombé au reptile.

Prendre l'essor d'un lieu, c'est pour lui le plus difficile : aussi, s'il niche si haut, c'est qu'au départ il doit se laisser choir dans son élément naturel. Tombé dans l'air, il est libre, il est maître, mais jusque-là serf, dépendant de toute chose, à la discrétion de qui mettrait la main sur lui.

Le vrai nom du genre, qui dit tout, c'est le nom grec *Sans pied* (A-pode). Le grand peuple des hirondelles, avec ses soixante espèces, qui remplit la terre, l'égaye et la charme de sa grâce, de son vol et de son gazouillement, doit toutes ses qualités aimables à cette difformité d'avoir peu, très-peu de pied; elle se trouve à la fois la première de la gent ailée par le don, l'art complet du vol, d'autre part la plus sédentaire et la plus attachée au nid.

Chez cette tribu à part, le pied ne suppléant point l'aile, l'éducation des jeunes étant celle de l'aile seule et le long apprentissage du vol, les petits ont longtemps gardé le nid, longtemps sollicité les soins, développé la prévoyance et la tendresse maternelles. Le plus mobile des oiseaux s'est trouvé lié par le cœur. Le nid n'a pas été le nid nuptial d'un moment, mais un foyer, une maison, l'intéressant théâtre d'un éducation difficile et des sacrifices mutuels. Il y a eu une mère tendre, une épouse fidèle; que dis-je? bien plus, de jeunes sœurs qui s'empressent d'aider la mère, petites mères elles-mêmes et nourrices d'enfants plus jeunes encore. Il y a eu tendresse maternelle, soins et enseignement mutuel des petits aux plus petits.

Le plus beau c'est que cette fraternité s'est étendue : dans le péril, toute hirondelle est sœur; qu'une crie, toutes accourent; qu'une soit prise, toutes se lamentent, se tourmentent pour la délivrer.

Que ces charmants oiseaux étendent leur intérêt aux oiseaux même étrangers à leur espèce, on le conçoit. Elles ont moins à craindre que nul autre les bêtes de proie, avec une aile si légère, et ce sont elles qui les premières avertissent la basse-cour de leur apparition. La poule et le pigeon se blottissent et cherchent asile, dès qu'ils entendent le cri, l'avertissement de l'hirondelle.

Non, le peuple ne se trompe pas en croyant que l'hirondelle est la meilleure du monde ailé.

Pourquoi? Elle est la plus heureuse, étant de beaucoup la plus libre.

Libre par un vol admirable.

Libre par la nourriture facile.

Libre par le choix du climat.

Aussi, quelque attention que j'aie prêtée à son langage (elle parle amicalement à ses sœurs, plus qu'elle ne chante), je ne l'ai jamais entendue que bénir la vie, louer Dieu.

Libertà! molto e desiato bene! je roulais ce mot en mon cœur sur la grande place de Turin, où nous ne pouvions nous lasser de voir voler les hirondelles innombrables, avec mille petits cris de joie. Elles y trouvent, en descendant les Alpes, de commodes habitations toutes faites, qui les attendent dans les trous que laissent les échafaudages, aux murs mêmes des palais. Parfois, et souvent le soir, elles jasaient très-haut, criaient, à empêcher de s'entendre; souvent elles se précipitaient, tombaient presque, rasant la terre, mais si vite relevées qu'on les aurait crues lancées d'un ressort ou dardées d'un arc. Au rebours de nous, qui sommes sans cesse rappelés à la terre, elles semblaient graviter en haut. Jamais je ne vis l'image d'une liberté plus souveraine. C'étaient des jeux, des divertissements infinis.

Voyageurs, nous regardions volontiers ces voyageurs qui prenaient insoucieusement et gaiement leur pèlerinage. L'horizon cependant était grave, cerné par les Alpes, qui semblent plus près à cette heure. Les bois noirs de sapins étaient déjà obscurcis et enténébrés du soir; les glaciers rayonnaient encore d'une blancheur pâlissante. Le double deuil de ces grands monts nous séparait de la France, vers laquelle nous allions bientôt nous acheminer lentement.

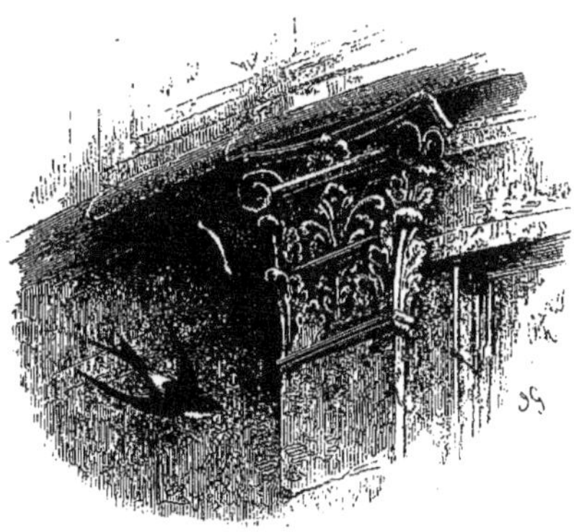

HARMONIES DE LA ZONE
TEMPÉRÉE

HARMONIES

DE LA ZONE TEMPÉRÉE

Pourquoi l'hirondelle et tant d'autres oiseaux placent-ils leur habitation si près de celle de l'homme? Pourquoi se font-ils nos amis, se mêlant à nos travaux et les égayant par leur chant? Pourquoi, dans nos seuls climats de la zone tempérée, a-t-on cet heureux spectacle d'alliance et d'harmonie qui est le but de la nature?

C'est qu'ici, les deux partis, l'oiseau et l'homme, sont libres des fatalités pesantes qui dans le Midi les séparent et les opposent l'un à l'autre.

La chaleur, qui alanguit l'homme, irrite au contraire l'oiseau, lui donne l'activité brûlante, l'inquiétude, l'âcre violence qui se traduit en cris rauques. Sous les tropiques, tous deux sont en divergence complète, esclaves d'une nature tyrannique qui pèse sur eux diversement.

Passer de ces climats aux nôtres, c'est entrer dans la liberté.

Cette nature que nous subissions, ici nous la dominons. Je m'éloigne volontiers et sans retourner les yeux de l'accablant paradis où j'ai langui, faible enfant, aux bras de la grande nourrice qui, d'un trop puissant breuvage, m'enivrait, croyant m'allaiter.

Celle-ci fut faite pour moi, c'est ma femme légitime, je la reconnais. Et d'avance, elle me ressemble; comme moi, elle est sérieuse, laborieuse; elle a l'instinct du travail, de la patience.

Ses saisons renouvelées partagent son grand jour annuel, comme la journée de l'ouvrier alterne du travail au repos. Elle ne donne aucun fruit gratis; elle donne ce qui vaut tous les fruits : l'industrie, l'activité.

Avec quel ravissement j'y trouve aujourd'hui mon image, la trace de ma volonté, les créations de mon effort et de mon intelligence! Profondément travaillée par moi, par moi métamorphosée, elle me raconte mes travaux, me reproduit à moi-même. Je la vois comme elle fut avant d'avoir subi cette création humaine, avant de s'être faite homme.

Monotone au premier coup d'œil, mélancolique, elle offrait des forêts et des prairies, mais celles-ci et celles-là singulièrement différentes de ce qui se voit ailleurs.

La prairie, le beau tapis vert de l'Angleterre et de l'Irlande, au délicat et fin gazon d'herbe toujours renouvelée, — non la rude bourre des steppes d'Asie, non l'épineuse et hostile végétation de l'Afrique, non le hérissement sauvage des savanes américaines, où la moindre plante est ligneuse, durement arborescente, — la prairie européenne, par sa végétation éphémère et annuelle, ses humbles petites fleurs aux senteurs faibles et douces, a un caractère de jeunesse, et je dirai plus, d'innocence, qui s'harmonise à nos pensées et nous rafraîchit le cœur.

Sur cette assise première d'une herbe humble et docile, qui n'a pas la prétention de monter plus haut, se détache par contraste la forte individualité des arbres les plus robustes, si différents de la végétation confuse des forêts méridionales.

Qui démêlera sous la masse des lianes, des orchidées, de cent plantes parasites, les arbres, herbacées eux-mêmes, qui y sont comme engloutis? Dans nos antiques forêts de la Gaule et de l'Allemagne se dresse fort et sérieux, lentement, solidement bâti, l'orme ou le chêne, ce héros végétal aux bras noueux, au cœur d'acier, qui a vaincu huit ou dix siècles, et qui, abattu par l'homme, associé à ses ouvrages, leur communique l'éternité des œuvres de la nature.

Tel arbre, tel homme. Qu'il nous soit donné de lui ressembler, à ce chêne fort et pacifique dont l'absorption puissante a concentré tout élément et en a fait l'individu grave, utile et persistant, la personnalité solide à qui tous avec confiance demandent un appui, un abri, qui tend ses bras secourables aux diverses tribus animales et les abrite de ses feuilles!... De mille bruits, en reconnaissance, elles égayent jour et nuit la majesté silencieuse de ce vieux témoin des temps. Les oiseaux le remercient et charment son ombre paternelle de chants, d'amour et de jeunesse.

Indestructible vigueur des climats de l'Occident! Pourquoi vit-il mille ans ce chêne? Parce que tous les ans il est jeune.

C'est lui qui date le printemps. L'émotion de la vie nouvelle ne commence pas pour nous quand toute la nature se couvre de la verdure uniforme des végétations vulgaires. Elle commence quand nous voyons le chêne, du feuillage ligneux de l'autre an qu'il retient encore, arracher sa feuille nouvelle; quand l'orme, laissant passer devant lui l'impatience des arbres inférieurs, nuance d'un vert léger la délicatesse austère de ses rameaux aériens, finement dessinés sur le ciel.

Alors, alors la nature parle à tous; sa voix puissante trouble l'âme même des sages. Pourquoi pas? n'est-elle pas sainte? et ce surprenant réveil qui a évoqué toute vie, du cœur dur et muet des chênes jusqu'à leur pointe sublime où l'oiseau chante sa joie, n'est-ce pas comme un retour de Dieu?

J'ai vécu dans les climats où l'olivier, l'oranger, conservent leur verdure éternelle. Sans méconnaître la beauté de ces arbres d'élite et leur distinction spéciale, je ne

pouvais m'habituer à la fixité monotone de leur costume immuable, dont la verdure répondait à l'immuable bleu du ciel. J'attendais toujours quelque chose, un renouvellement qui ne venait pas. Les jours passaient, mais identiques. Pas une feuille de moins sur la terre, pas un léger nuage au ciel. « Grâce, disais-je, nature éternelle! Au cœur changeant que tu m'as fait accorde au moins un changement. Pluie, boue, orage, j'accepte tout; mais que du ciel ou de la terre l'idée du mouvement me revienne, l'idée de rénovation; que chaque année le spectacle d'une création nouvelle me rafraîchisse le cœur, me rende l'espoir que mon âme pourra se refaire et revivre, et, par les alternatives de sommeil, de mort ou d'hiver, se créer de nouveaux printemps. »

Homme, oiseau, toute la nature, nous disons la même chose. Nous sommes par le changement.

A ces fortes alternatives de chaud, de froid, de brume et de soleil, de tristesse et de gaieté, nous devons la trempe, la puissante personnalité de notre Occident. La pluie ennuie aujourd'hui : le beau temps viendra demain. Les splendeurs de l'Orient, les merveilles des tropiques, ne valent pas, mises ensemble, la première violette de Pâques, la première chanson d'avril, l'aubépine en fleur, la joie de la jeune fille qui remet sa robe blanche.

Au matin, une voix puissante, d'une fraîcheur, d'une netteté singulière, d'un mordant timbre d'acier, la voix du merle retentit, et il n'est pas de cœur malade, pas de vieillesse chagrine, qui puisse s'empêcher de sourire.

Un printemps, allant à Lyon, dans les vignes mâconnaises qu'on travaillait à relever, j'entendais une pauvre femme, misérable, vieille, aveugle, qui chantait avec un accent de gaieté extraordinaire cette vieille chanson villageoise :

Nous quittons nos grands habits,
Pour en prendre de plus petits.

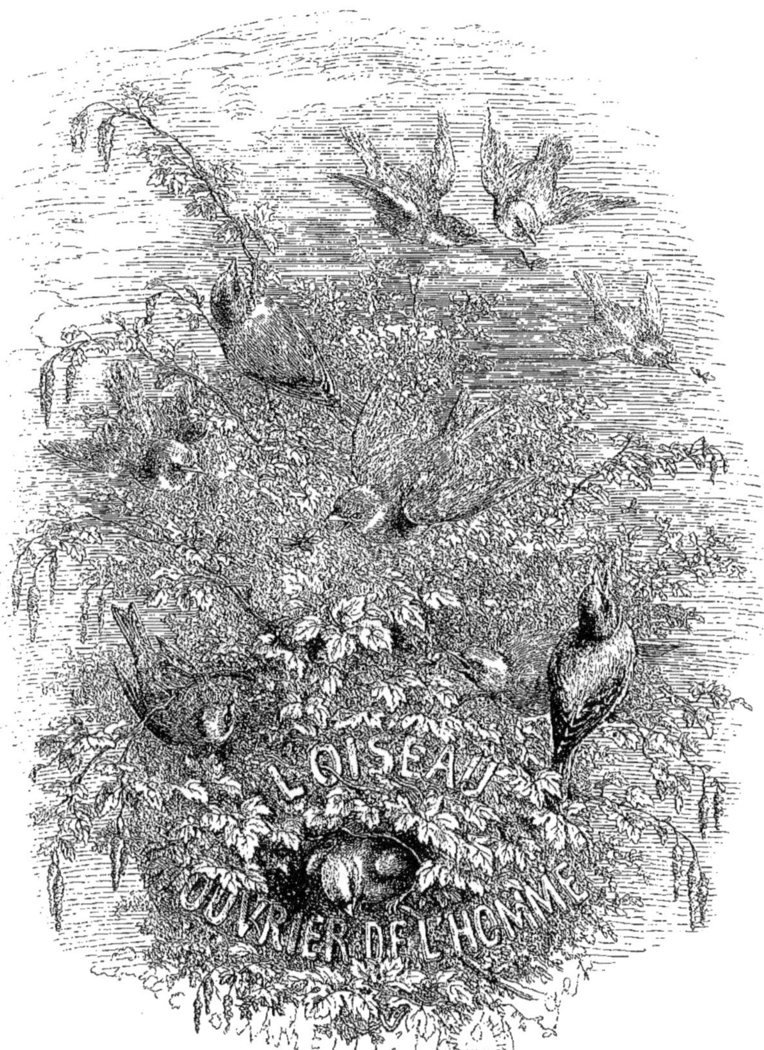
L'OISEAU
OUVRIER DE L'HOMME

L'OISEAU

OUVRIER DE L'HOMME

L'*avare* agriculteur, mot juste et senti de Virgile. Avare, aveugle, réellement, qui proscrit les oiseaux destructeurs des insectes et défenseurs de ses moissons.

Pas un grain à celui qui, dans les hivers pluvieux, poursuivant l'insecte à venir, cherchait les nids des larves, examinait, retournait chaque feuille, détruisait chaque jour des milliers de futures chenilles; mais des sacs de froment aux insectes adultes, des champs aux sauterelles que l'oiseau aurait combattues!

Les yeux sur le sillon, sur le moment présent, sans voir et sans prévoir, aveugle sur la grande harmonie qu'on ne rompt pas en vain, il a partout sollicité ou applaudi les lois qui supprimaient l'aide nécessaire de son travail, l'oiseau destructeur des insectes. Et ceux-ci ont vengé l'oiseau. Il a fallu en hâte rappeler le proscrit. A l'île Bourbon, par exemple, la tête du martin était à prix ; il disparaît, et alors les sauterelles prennent possession de l'île, dévorant, desséchant, brûlant d'une âcre aridité ce qu'elles ne dévorent pas. Il en a été de même dans l'Amérique du Nord pour l'étourneau, défenseur du maïs. Le moineau même, qui attaque le grain, mais qui le protége encore plus, le moineau, pillard et bandit, flétri de tant d'injures et frappé de malédiction, on a vu en Hongrie qu'on périssait sans lui, que lui seul pouvait soutenir la guerre immense des hannetons et des mille ennemis ailés qui règnent sur les basses terres; on a révoqué le bannissement, rappelé en hâte cette vaillante *landwehr* qui, peu disciplinaire, n'en est pas moins le salut du pays.

Naguère, près de Rouen, et dans la vallée de Monville, les corneilles avaient été proscrites quelque temps. Les hannetons, dès lors, tellement profitèrent, leurs larves multipliées à l'infini poussèrent si bien leurs travaux souterrains, qu'une prairie entière qu'on me montra avait séché à la surface ; toute racine d'herbe était rongée, et la prairie entière, aisément détachée, roulée sur elle-même, pouvait s'enlever comme un tapis.

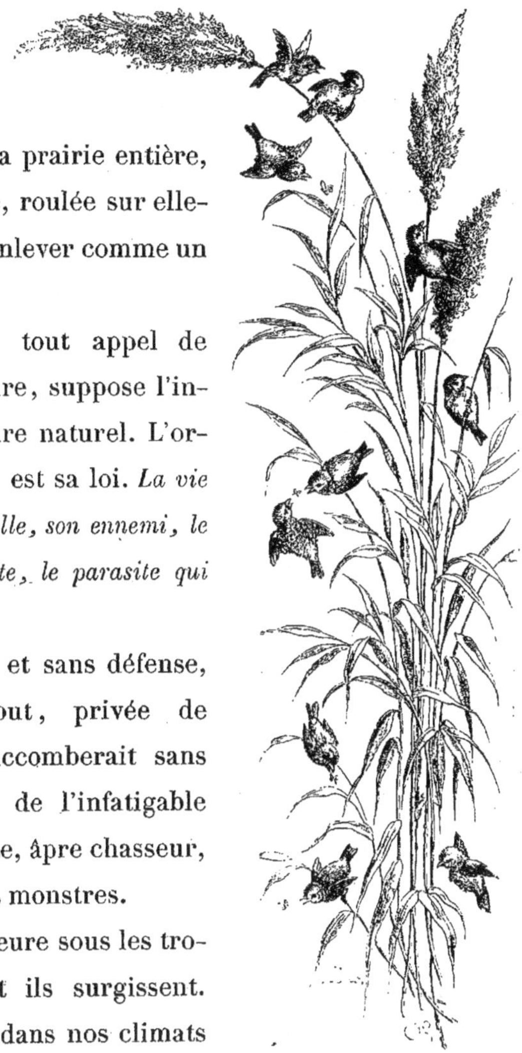

Tout travail, tout appel de l'homme à la nature, suppose l'intelligence de l'ordre naturel. L'ordre est tel, et telle est sa loi. *La vie a autour d'elle, en elle, son ennemi, le plus souvent son hôte, le parasite qui la mine et la ronge.*

La vie inerte et sans défense, la végétale surtout, privée de locomotion, y succomberait sans l'appui supérieur de l'infatigable ennemi du parasite, âpre chasseur, vainqueur ailé des monstres.

Guerre extérieure sous les tropiques où partout ils surgissent. Guerre intérieure dans nos climats où tout est plus caché, plus mystérieux et plus profond.

Dans la fécondité exubérante de la zone torride, les insectes, ces destructeurs terribles des végétaux, consommaient le trop-plein. Ils volent ici le nécessaire. Là, ils fourrageaient dans le luxe prodigue des plantes spontanées, des semences perdues, des fruits dont la nature jonche le désert. Ici, dans le champ resserré qu'arrose la sueur de l'homme, ils récoltent à sa place, dévorent son travail et son fruit; ils s'attaquent à sa vie même.

Ne dis pas : « L'hiver est pour moi, il tuera l'ennemi. » L'hiver tue l'ennemi qui mourrait de lui-même; il tue surtout les éphémères, dont la durée était déjà mesurée à celle de la fleur, de la feuille où fut liée leur existence. Mais, avant de mourir, le prévoyant atome garantit sa postérité; il abrite, cache et dépose profondément son avenir, le germe de sa reproduction. Comme œufs ou larves, ou même en leur propre personne, vivants, adultes, armés, ces invisibles, dans le sein de la terre, dorment en attendant le temps. Est-elle immobile, cette terre? Dans les prairies, je la vois onduler, le noir mineur, la taupe, continue son travail. Plus haut, dans les lieux secs, s'étendent des greniers où le rat philosophe, sur un bon tas de blé, prend la saison en patience.

Tout cela va surgir au printemps. D'en haut, d'en bas, à droite, à gauche, ces peuples rongeurs, échelonnés par légions qui se succèdent et se relayent chacun à son mois, à son jour, immense, irrésistible conscription de la nature, marchera à la conquête des œuvres de l'homme. La division du travail est parfaite. Chacun a son poste d'avance et ne se trompera pas. Chacun tout droit ira à son arbre, à sa plante. Et tel sera leur nombre épouvantable, qu'il n'y aura pas une feuille qui n'ait sa légion.

Que feras-tu, pauvre homme? Comment te multiplieras-tu? as-tu des ailes pour les suivre? as-tu même des yeux pour les voir? Tu peux en tuer à ton plaisir; leur sécurité est complète : tue, écrase à millions; ils vivent par milliards. Où tu triomphes par le fer et le feu en détruisant la plante même, tu entends à côté le bruissement léger de la grande armée des atomes, qui ne songe guère à ta victoire et qui ronge invisiblement.

Écoute, je vais te donner deux conseils. Examine, choisis le meilleur.

Le premier remède à cela, que l'on commence à suivre, c'est d'empoisonner tout. Trempe-moi les semences dans le sulfate de cuivre; mets ton blé sous la protection du vert-de-gris. L'ennemi ne s'attend pas à cela; il est déconcerté. S'il y touche, il meurt ou languit. Toi aussi, il est vrai, tu n'es guère florissant; ton hardi stratagème peut aider aux fléaux qui dévastent notre âge. Heureux temps! le bon laboureur empoisonne d'abord; ce blé cuivré, transmis au boulanger artiste, fermente par le sulfate de cuivre; moyen simple, agréable, qui fait lever, gonfler la pâte légère qu'on va se disputer.

Non, fais mieux. Prends-en ton parti. Contre tant d'ennemis, reculer, n'est pas honte. Laisse faire, et croise tes bras. Couche-toi et regarde. Fais comme, au soir de Waterloo, fit ce brave qui, blessé et couché, se releva encore et regarda à l'horizon; mais il y vit Blücher, la grande nuée de l'armée noire. Il retomba alors, en disant : « Ils sont trop. »

Et combien plus tu as droit de le dire! tu es seul contre l'universelle conjuration de la vie. Tu peux dire aussi : « Ils sont trop! »

Tu insistes : « Voici pourtant des champs qui donnaient espérance; voici un pâturage humide où je prendrais plaisir à voir mes bœufs perdus dans l'herbe. Menons-y les troupeaux. »

Ils y sont attendus. Que deviendraient sans eux ces vivants nuages d'insectes qui n'aiment que le sang? Le sang du bœuf est bon, et le sang de l'homme est meilleur. Entre, assieds-toi au milieu d'eux, tu seras bien reçu, car tu es le festin. Ces dards, ces trompes et ces tenailles trouveront en ta chair d'exquises délices; une orgie sanguinaire s'ouvrira sur ton corps pour la danse effrénée de ce monde famélique, qui ne lâchera pas à moins de défaillir; tu en verras plus d'un tournoyer et mourir sur la source enivrante que s'est creusée son dard. Blessé, sanglant, gonflé de plaies bouffies, n'espère pas de repos. D'autres viennent, et puis d'autres, et toujours, et sans fin. Car si le climat est moins âpre que dans les zones du Midi, en revanche, la pluie éternelle, cet océan d'eau douce et tiède qui noie infatigablement nos plages, enfante dans une fécondité désespérante ces vies commencées et avides, qui sont impatientes de monter, naître et s'achever par la destruction des vies supérieures.

J'ai vu, non pas dans les marais, mais sur les hauteurs de l'Ouest, aimables et verdoyantes collines, couvertes de bois ou de prairies, j'ai vu d'immenses eaux pluviales séjourner sans écoulement, puis, bues d'un rayon de soleil, laisser la terre couverte d'une riche et plantureuse production animale, limaces, limaçons, insectes de mille sortes, tous gens de terrible appétit, nés dentus, armés d'appareils formidables, d'ingénieuses machines à détruire. Impuissants contre l'irruption d'un monde inattendu qui grouillait, s'agitait, montait, entrait, nous eût mangés nous-mêmes, nous luttions au moyen de quelques poules intrépides et voraces, qui ne comptaient pas les ennemis, ne discutaient pas, avalaient. Ces poules bretonnes et vendéennes, braves du génie de la contrée, faisaient cette campagne d'autant mieux, qu'elles guerroyaient chacune à sa manière. La *noire*, la *grise* et la *pondeuse* (c'étaient leurs noms de guerre) allaient ensemble en corps d'armée, et ne reculaient devant rien; la rêveuse où la *philosophe* aimait mieux chouanner, et n'en faisait que plus d'ouvrage. Un superbe chat noir, leur compagnon de solitude, étudiait tout le jour la trace du mulot, du lézard, chassait la guêpe, mangeait la cantharide, du reste devant les poules respectueux et toujours à distance.

Un mot encore sur elles, et un regret. Tout finit, il fallut partir. Et que deviendraient-elles? Données, elles allaient être mangées certainement. Longuement nous délibérâmes. Puis, par un parti vigoureux, d'après la vieille foi des sauvages, qui croient qu'il vaut mieux mourir par ceux qu'on aime, et pensent, en mangeant des héros, devenir héroïques, nous en fîmes, non sans gémir, un funèbre banquet.

C'est un très-grand spectacle de voir contre cet

effrayant frétillement du monstre universel qui s'éveille au printemps, sifflant, bruissant, coassant, bourdonnant, dans son immense faim, de voir descendre (on peut le dire) du ciel l'universel sauveur, en cent formes et cent légions diverses d'armes et de caractère, mais toutes ayant des ailes, participant au divin privilége du Saint-Esprit, d'être présent partout.

A l'universelle présence de l'insecte, à l'ubiquité du nombre, répond celle de l'oiseau, de la célérité, de l'aile. Le grand moment, c'est celui où l'insecte, se développant par

la chaleur, trouve l'oiseau en face, l'oiseau multiplié, l'oiseau qui, n'ayant point de lait, doit nourrir à ce moment une nombreuse famille de sa chasse et de proie vivante. Chaque année, le monde serait en péril, si l'oiseau allaitait, si l'alimentation était le travail d'un individu, d'un estomac. Mais voici la couvée bruyante, exigeante et criante, qui appelle la proie par dix, quinze ou vingt becs; et l'exigence est telle, telle est la fureur maternelle pour répondre à ces cris, que la mésange, qui a vingt enfants, désespérée, ne pouvant les faire taire avec trois cents chenilles par jour, ira même au nid des oiseaux ouvrir la cervelle aux petits.

De nos fenêtres qui donnent sur le Luxembourg, nous observions dès l'hiver commencer cette utile guerre de l'oiseau contre l'insecte. Nous le voyions, en décembre, ouvrir le travail de l'année. L'honnête et respectable ménage du merle, qu'on peut appeler tourne-feuilles, faisait par couples sa besogne; au rayon qui suivait la pluie, ils arrivaient aux mares, levaient les feuilles une à une avec adresse et conscience, ne laissant rien passer sans un attentif examen.

Ainsi, dans les plus tristes mois, où le sommeil de la nature ressemble de si près à la mort, l'oiseau nous continuait le spectacle de la vie. Sur la neige même, le merle nous saluait au réveil. Aux sérieuses promenades d'hiver, nous avions toujours près de nous le roitelet à huppe d'or, son petit chant rapide, son rappel doux et flûté. Les moineaux, plus familiers, paraissaient sur nos balcons : exacts aux heures, ils savaient qu'ils trouveraient deux fois par jour le couvert mis, sans qu'il en coûtât à leur liberté.

Du reste, honnêtes travailleurs, lorsque le printemps est venu, ils se font scrupule de rien demander. Dès que leurs enfants éclos ont commencé à voler, ils les ont joyeusement amenés à la fenêtre, comme pour remercier et bénir.

LE TRAVAIL

LE TRAVAIL

LE PIC

Dans les calomnies ineptes dont les oiseaux sont l'objet, nulle ne l'est plus que de dire, comme on a fait, que le pic, qui creuse les arbres, choisit les arbres sains et durs, ceux qui présentent le plus de difficultés et peuvent augmenter son travail. Le bon sens indique assez que le pauvre animal, qui vit de vers et d'insectes, cherche les arbres malades, cariés, qui résistent moins et qui lui promettent, d'ailleurs, une proie plus abondante. La guerre obstinée qu'il fait à ces tribus destructives qui gagneraient les arbres sains, c'est un signalé service qu'il nous rend. L'État lui devrait, sinon les appointements, du moins le titre honorifique de Conservateur des forêts. Que fait-on? pour tout salaire, d'ignorants administrateurs ont souvent mis sa tête à prix.

Mais le pic ne serait pas l'idéal du travailleur, s'il n'était calomnié et persécuté. Sa corporation modeste, répandue dans les deux mondes, sert l'homme, l'enseigne et l'édifie. L'habit varie; le signe commun de reconnaissance est le chaperon écarlate dont ce bon ouvrier couvre généralement sa tête, son crâne épais et solide. L'instrument de son état, qui sert de pioche et d'alène, de ciseau et de doloire, c'est son bec, carrément taillé. Ses jambes nerveuses, armées de forts ongles noirs d'une prise ferme et solide, l'assurent parfaitement sur sa branche, où il reste des jours entiers dans une attitude incommode, frappant toujours de bas en haut. Sauf le matin, où il s'agite, remue ses membres en tous sens, comme font les meilleurs travailleurs qui s'apprêtent quelques moments pour ne plus se déranger, il pioche toute une longue journée avec une application singulière. On l'entend tard encore, qui prolonge le travail dans la nuit et gagne ainsi quelques heures.

Sa constitution répond à une vie si appliquée. Ses muscles, toujours tendus, rendent sa chair dure et coriace.

La vésicule du fiel, très-grande chez lui, semble accuser une grande disposition bilieuse, acharnée, violente au travail, du reste aucunement colérique.

Les opinions qu'on a prises de cet être singulier devaient être très-diverses. On a jugé en bien ou en mal le grand travailleur, selon qu'on estimait ou mésestimait le travail, selon qu'on était soi-même plus ou moins laborieux, et qu'on regardait une vie sédentaire et appliquée comme maudite ou bénie du ciel.

On s'est demandé aussi si le pic était triste ou gai, et l'on a fait diverses réponses, peut-être également bonnes, selon l'espèce et le climat. Je crois aisément que Wilson, Audubon, qui parlent surtout du beau pic aux ailes d'or qu'on trouve aux Carolines sur la lisière des tropiques, l'ont vu plus gai, plus remuant; ce pic gagne aisément sa vie dans un pays chaud et riche en insectes; son bec courbé, élégant, moins dur que le bec du nôtre, semble dire aussi qu'il travaille des bois moins rebelles. Pour le pic de France et d'Allemagne, qui a à percer l'enveloppe de nos vieux chênes européens, il a un tout autre instrument, un bec carré, lourd et fort. Il est probable qu'il donne bien plus d'heures de travail que l'autre. C'est un ouvrier placé dans des conditions plus dures, travaillant plus et gagnant moins. Dans les sécheresses surtout, son métier est misérable; la proie le fuit, se retire au plus loin, cherchant la fraîcheur. Aussi, il appelle la pluie, criant toujours : *Plieu! plieu!* Le peuple comprend ainsi son cri; il l'appelle dans la Bourgogne le *Procureur du meunier;* pic et meunier, si l'eau ne tombe, chôment et risquent de jeûner.

Notre grand ornithologiste, excellent et ingénieux observateur, Toussenel, ne se méprend-il pas pourtant sur le caractère du pic en le jugeant gai? Sur quoi? Sur les courbettes amusantes qu'il fait pour gagner sa femelle. Mais qui de nous, et des plus sérieux, en ce cas, n'en fait pas de même? Il l'appelle aussi farceur, bateleur, parce qu'à sa vue le pic tournait rapidement. Pour un oiseau dont le vol est fort médiocre, c'était peut-être le plus sage, en présence surtout d'un si excellent tireur. Et ceci prouve son bon sens.

Devant un chasseur vulgaire, le pic, qui sait sa chair mauvaise, se serait laissé approcher. Mais devant un tel connaisseur, un ardent ami des oiseaux, il avait grandement à craindre de s'en aller empaillé orner une collection.

Je prie l'illustre écrivain de considérer encore les habitudes morales et l'humeur que doit donner un travail si persévérant. La *papillonne* n'est pour rien ici, et la longueur de telles journées dépasse infiniment la mesure commode de ce que Fourier appelle travail attrayant. Le pic est un ouvrier solitaire et à son compte; il ne se plaint pas sans doute; il sent qu'il a intérêt de travailler beaucoup, longtemps. Ferme sur ses fortes jambes, dans une attitude pénible, il reste là tout le jour, et persiste encore au delà. Est-il heureux? je le crois. Gai? j'en doute. Triste? nullement. Le travail passionné, qui nous rend si sérieux, en revanche bannit les tristesses.

L'inintelligent travailleur, ou le pauvre surmené, qui ne conçoit le bonheur que dans l'immobilité, ne pouvait manquer de voir dans une vie si assidue la malédiction du sort. L'artisan des villes allemandes assure que c'est un boulanger qui, oisif dans son comptoir, affamait le pauvre peuple, le trompait, vendait à faux poids. En punition, maintenant, il travaille et travaillera jusqu'au jour du jugement, ne vivant plus que d'insectes.

Triste et baroque explication. J'aime mieux la vieille

fable italienne. Picus, fils du Temps (de Saturne), était un héros austère qui dédaigna l'amour trompeur et les illusions de Circé. Pour la fuir, il a pris des ailes et s'est enfui dans les forêts. S'il n'a plus la figure humaine, il a mieux, un génie divin, prévoyant et fatidique, il entend ce qui est à naître, il voit ce qui n'est pas encore.

Un jugement fort sérieux sur le pic, c'est celui des Indiens du nord de l'Amérique. Ces héros ont bien vu que le pic était un héros. Ils aiment à porter la tête de celui qu'on nomme *Pic à bec d'ivoire*, et croient que son ardeur, son courage passera en eux. Croyance très-fondée, comme l'expérience le prouve. Le plus ferme cœur se sent affermi en voyant sans cesse sur lui ce parlant symbole; il se dit: « Je serai tel pour la force et pour la constance. »

Seulement, il faut remarquer que, si le pic est un héros, c'est le héros pacifique du travail. Il ne réclame rien de plus. Son bec, qui pourrait être redoutable, ses ergots très-forts, sont préparés cependant pour tout autre chose que pour le combat. Le travail l'a pris tellement qu'aucune rivalité ne le conduit à la guerre. Il l'absorbe, exige de lui tout l'effort de ses facultés.

Travail varié et compliqué. D'abord l'excellent forestier, plein de tact et d'expérience, éprouve son arbre au marteau, je veux dire au bec. Il ausculte comment résonne cet arbre, ce qu'il dit, ce qu'il a en lui. Le procédé d'auscultation, si récent en médecine, était l'art principal du pic, depuis des milliers d'années. Il interrogeait, sondait, voyait par l'ouïe les lacunes caverneuses qu'offrait le tissu de l'arbre. Tel, sain et fort en apparence, que, pour sa taille gigantesque, a

désigné, marqué le marteau de la marine, le pic, bien autrement habile, le juge véreux, carié, susceptible de manquer de la manière la plus funeste, de plier en construction, ou de faire une voie d'eau et de causer un naufrage.

L'arbre éprouvé mûrement, le pic se l'adjuge, s'y établit; là il exercera son art. Ce bois est creux, donc gâté, donc peuplé; une tribu d'insectes y habite. Il faut frapper à la porte de la cité. Les citoyens, en tumulte, voudront fuir ou par-dessus les murailles de la ville, ou en bas, par les égouts. Il y faudrait des sentinelles; au défaut, l'unique assiégeant veille, et de moment en moment regarde derrière pour happer les fugitifs au passage, à quoi sert parfaitement une langue d'extrême longueur qu'il darde comme un petit serpent. L'incertitude de cette chasse, le bon appétit qu'il y gagne, le passionnent; il voit à travers l'écorce et le bois; il assiste aux terreurs et aux conseils du peuple ennemi. Parfois, il descend très-vite, pensant qu'une issue secrète pourrait sauver les assiégés.

Un arbre sain au dehors, rongé, pourri au dedans, c'est une terrible image pour le patriote qui rêve au destin des cités. Rome, aux temps où la république commençait à s'affaisser, se sentant semblable à cet arbre, frissonna un jour que le pic vint tomber en plein forum sur le tribunal, sous la main même du préteur. Le peuple s'émut grandement, et roulait de tristes pensées. Mais les devins mandés arrivent : si l'oiseau part impunément, la république mourra; s'il reste, il ne menace plus que celui qui l'a dans sa main, le préteur. Ce magistrat, qui était Ælius Tubero, tua l'oiseau à l'instant, mourut lui-même bientôt, et la république dura deux siècles encore.

Cela est grand, non ridicule. Elle dura par ce noble appel au dévouement du citoyen. Elle dura par cette réponse muette que lui fit un grand cœur. De tels actes sont féconds, ils font des hommes et des héros; ils font la durée des cités.

Pour revenir à notre oiseau, ce travailleur, ce solitaire, ce grand prophète n'échappe pas à la loi universelle. Deux fois par an, il se dément, sort de son austérité, et, faut-il le dire? devient ridicule. Heureux, dans l'espèce humaine, qui ne l'est que deux fois par an !

Ridicule? il ne l'est pas par cela qu'il est amoureux, mais il aime comiquement. Noblement endimanché et dans son meilleur plumage, relevant sa mine un peu sombre de sa belle grecque écarlate, il tourne autour de sa femelle; ses rivaux en font autant.

Mais ces innocents travailleurs, faits aux œuvres plus sérieuses, étrangers aux arts du beau monde, aux grâces des colibris, ne savent rien autre chose que de présenter leurs devoirs et leurs très-humbles hommages par d'assez gauches courbettes. Du moins, gauches à notre sens, elles le sont moins pour l'objet dont elles captent l'attention. Elles plaisent, et c'est tout ce qu'il faut. Le choix prononcé par la reine, nulle bataille. Mœurs admirables des bons et dignes ouvriers! Les autres, chagrins, se retirent, mais avec délicatesse conservent religieusement le respect de la liberté.

Le préféré et sa belle, vous croyez qu'ils vont faire l'amour oisifs, errer dans les forêts? Point du tout. Immédiatement, ils se mettent à travailler. « Prouve-moi tes talents, dit-elle, et que je ne me suis pas trompée. » Quelle occasion pour un artiste! Elle anime son génie. De charpentier il devient menuisier et ébéniste; de menuisier, géomètre! La régularité des formes, ce rhythme divin, lui apparaît dans l'amour.

C'est justement la belle histoire du fameux forgeron d'Anvers : Quintin Metzys, qui aima la fille d'un peintre et qui, pour se faire aimer, devint le plus grand peintre de la Flandre au XVIe siècle.

> D'un noir Vulcain, l'amour fit un Apelle.

Donc un matin le pic devient sculpteur. Avec la précision sévère, le parfait arrondissement que donnerait le compas, il creuse une élégante voûte d'un beau demi-globe. Le tout reçoit le poli du marbre et de l'ivoire. Les précautions hygiéniques et stratégiques ne manquent pas. Une entrée sinueuse, étroite, dont la pente incline au dehors pour que l'eau n'y pénètre pas, favorise la défense; il suffit d'une tête et d'un bec courageux pour la fermer.

Quel cœur résisterait à cela? Qui n'accepterait cet artiste, ce pourvoyeur laborieux des besoins de la famille, ce défenseur intrépide? Qui ne croirait pouvoir sûrement, derrière le généreux rempart de ce champion dévoué, accomplir le délicat mystère de la maternité?

Aussi l'on ne résiste plus, et les voilà installés. Il ne manque ici qu'un hymne (Hymen! ô Hymenææ!). Ce n'est pas la faute du pic si la nature à son génie a refusé la muse mélodieuse. Du moins dans son âpre voix on ne méconnaîtra pas le véhément accent du cœur.

Qu'ils soient heureux! qu'une jeune et aimable génération éclose et croisse sous leurs yeux! Les oiseaux de proie ne pourraient aisément pénétrer ici. Puisse seulement le serpent, l'affreux serpent noir, ne pas visiter ce nid! Puisse la main de l'enfant n'en pas arracher cruellement la douce espérance! Puisse surtout l'ornithologiste, l'ami des oiseaux, se tenir loin de ces lieux!

Si le travail persévérant, l'ardent amour de la famille, l'héroïque défense de la liberté, pouvaient imposer le respect, arrêter les mains cruelles de l'homme, nul chasseur ne toucherait à ce digne oiseau. Un jeune naturaliste qui en étouffa un pour l'empailler m'a dit qu'il resta malade de cette lutte acharnée, et plein de remords; il lui semblait qu'il eût fait un assassinat.

Wilson paraît avoir eu une impression analogue. « La première fois, dit-il, que j'observai cet oiseau, dans la Caroline du Nord, je le blessai légèrement à l'aile, et, lorsque je le pris, il poussa un cri tout à fait semblable à celui d'un enfant, mais si fort et si lamentable que mon cheval effrayé faillit me renverser. Je l'apportai à Wilmington : en passant dans les rues, les cris prolongés de l'oiseau attirèrent aux portes et aux fenêtres une foule de personnes, surtout de femmes remplies d'effroi. Je continuai ma route, et, en rentrant dans la cour de l'hôtel, je vis venir le maître de la maison et beaucoup de gens alarmés de ce qu'ils entendaient.

Jugez comme augmenta cette alarme quand je demandai ce qu'il fallait pour mon enfant et pour moi. Le maître resta pâle et stupide, et les autres furent muets d'étonnement. Après m'être amusé à leurs dépens une minute ou deux, je découvris mon pic, et un éclat de rire universel se fit entendre. Je le montai, le plaçai dans ma chambre, le temps de voir mon cheval et d'en prendre soin. J'y retournai au bout d'une heure, et, en ouvrant la porte, j'entendis de nouveau le même cri terrible, qui cette fois paraissait venir de la douleur d'avoir été découvert dans ses tentatives d'évasion. Il était monté le long de la fenêtre, presque jusqu'au plafond, immédiatement au-dessous duquel il avait commencé de creuser. Le lit était couvert de larges morceaux de plâtre, la latte du plafond à découvert dans l'étendue d'à peu près quinze pouces carrés, et un trou capable de laisser passer le poing, déjà formé dans les abat-jour; de sorte que dans l'espace d'une heure encore, il serait certainement parvenu à se frayer une issue. Je lui attachai au cou une corde que je fixai à la table et le laissai : je voulais lui conserver la vie, et j'allai lui chercher de la nourriture. En remontant, j'entendis qu'il s'était remis à l'ouvrage, et à mon entrée je vis qu'il avait presque détruit la table à laquelle il avait été attaché et contre laquelle il avait tourné toute sa colère. Lorsque je voulus en prendre le dessin, il me coupa plusieurs fois avec son bec, et il déploya un si noble et si indomptable courage que j'eus la tentation de le rendre à ses forêts natales. Il vécut avec moi à peu près trois jours, refusant toute nourriture, et j'assistai à sa mort avec regret. »

LE CHANT

LE CHANT

Il n'est personne qui n'ait remarqué que des oiseaux tenus en cage dans un salon ne manquent guère, s'il vient des visiteurs, si la conversation s'anime, d'y prendre part à leur manière, de jaser ou de chanter.

C'est leur instinct universel et même en liberté. Ils sont l'écho et de Dieu et de l'homme. Ils s'associent aux bruits, aux voix, y ajoutent leur poésie, leurs rhythmes naïfs et sauvages. Par analogie, par contraste, ils augmentent et complètent les grands effets de la nature. Au sourd battement des flots l'oiseau de mer oppose ses notes aiguës, stridentes; au monotone bruissement des arbres agités, la tourterelle et cent oiseaux donnent une douce et triste assonance; au réveil des campagnes, à la gaieté des champs, l'alouette répond par son chant, elle porte au ciel les joies de la terre.

Ainsi, partout, sur l'immense concert instrumental de la nature, sur ces soupirs profonds, sur les vagues sonores qui s'échappent de l'orgue divin, une musique vocale éclate et se détache, celle de l'oiseau, presque toujours par notes vives qui tranchent sur ce fond grave par d'ardents coups d'archet.

Voix ailées, voix de feu, voix d'anges, émanations d'une vie intense, supérieure à la nôtre, d'une vie voyageuse et mobile, qui donne au travailleur fixé sur son sillon des pensées plus sereines et le rêve de la liberté.

De même que la vie végétale se renouvelle au printemps par le retour des feuilles, la vie animale est renouvelée, rajeunie par le retour des oiseaux, par leurs amours et par leurs chants. Rien de pareil dans l'hémisphère austral, jeune monde à l'état inférieur, qui, encore au travail, aspire à trouver une voix. Cette suprême fleur de l'âme et de la vie, le chant, ne lui est pas donnée encore.

Le beau, le grand phénomène de cette face supérieure du monde, c'est qu'au moment où la nature commence par les feuilles et les fleurs son silencieux concert, sa chanson de mars et d'avril, sa symphonie de mai, tous nous vibrons à cet accord; hommes, oiseaux, nous prenons le rhythme. Les plus petits, à ce moment, sont poëtes, souvent chanteurs sublimes. Ils chantent pour leurs compagnes dont ils veulent gagner l'amour. Ils chantent pour ceux qui les écoutent, et plus d'un fait des efforts inouïs d'émulation. L'homme aussi répond à l'oiseau. Le chant de l'un fait chanter l'autre. Accord inconnu aux climats brûlants. Les éclatantes couleurs qui y remplacent l'harmonie ne créent pas un lien comme elle. Dans une robe de pierreries, l'oiseau n'est pas moins solitaire.

Bien différent de cet être d'élite, éblouissant, étincelant, l'oiseau de nos contrées, humble d'habit, riche de cœur, est près du pauvre. Peu, très-peu, cherchent les beaux jardins, les allées aristocratiques, l'ombrage des grands parcs. Tous vivent avec le paysan. Dieu les a mis partout. Bois et buissons, clairières, champs, vignobles, prairies humides, roseaux des étangs, forêts des montagnes, même les sommets couverts de neige, il a doué chaque lieu de sa tribu ailée, n'a déshérité nul pays, nul site, de cette harmonie, de sorte que l'homme ne pût aller nulle part, si haut monter, si bas descendre, qu'il n'y trouvât un chant de joie et de consolation.

Le jour commence à peine, à peine de l'étable sonne la clochette des troupeaux, que la bergeronnette est prête à les conduire et sautille autour d'eux. Elle se mêle au bétail et familièrement s'associe au berger. Elle sait qu'elle est aimée et de l'homme et des bêtes qu'elle défend contre les insectes. Elle pose hardiment sur la tête des vaches et le dos des moutons. Le jour elle ne les quitte guère; elle les ramène fidèlement au soir.

La lavandière, non moins exacte, est à son poste, elle voltige autour des laveuses; elle court sur ses longues jambes jusque dans l'eau et demande des miettes; par un étrange instinct mimique, elle baisse et relève la queue, comme pour imiter le mouvement du battoir sur le linge, pour travailler aussi et gagner son salaire.

L'oiseau des champs par excellence, l'oiseau du laboureur, c'est l'alouette, sa compagne assidue, qu'il retrouve partout dans son sillon pénible pour l'encourager, le soutenir, lui chanter l'espérance. *Espoir*, c'est la vieille devise de nos Gaulois, et c'est pour cela qu'ils avaient pris comme oiseau national cet humble oiseau si pauvrement vêtu, mais si riche de cœur et de chant.

La nature semble avoir traité sévèrement l'alouette.

La disposition de ses ongles la rend impropre à percher sur les arbres. Elle niche à terre, tout près du pauvre lièvre et sans abri que le sillon. Quelle vie précaire, aventurée, au moment où elle couve! Que de soucis, que d'inquiétudes! A peine une motte de gazon dérobe au chien, au milan, au faucon, le doux trésor de cette mère. Elle couve à la hâte, elle élève à la hâte la tremblante couvée. Qui ne croirait que cette infortunée participera à la mélancolie de son triste voisin, le lièvre?

> Cet animal est triste et la crainte le ronge.
>
> (LA FONTAINE.)

Mais le contraire a lieu par un miracle inattendu de gaîeté et d'oubli facile, de légèreté, si l'on veut, et d'insouciance française : l'oiseau national, à peine hors de danger, retrouve toute sa sérénité, son chant, son indomptable joie. Autre merveille : ses périls, sa vie précaire, ses épreuves cruelles, n'endurcissent pas son cœur; elle reste bonne autant que gaie, sociable et confiante, offrant un modèle, assez rare parmi les oiseaux, d'amour fraternel; l'alouette, comme l'hirondelle, au besoin, nourrira ses sœurs.

Deux choses la soutiennent et l'animent : la lumière et l'amour. Elle aime la moitié de l'année. Deux fois, trois fois, elle s'impose le périlleux bonheur de la maternité, le travail incessant d'une éducation de hasards. Mais quand l'amour lui manque, la lumière lui reste et la ranime. Le moindre rayon de lumière suffit pour lui rendre son chant.

C'est la fille du jour. Dès qu'il commence, quand l'horizon s'empourpre et que le soleil va paraître, elle part du sillon comme une flèche, porte au ciel l'hymne de joie.

Sainte poésie, fraîche comme l'aube, pure et gaie comme un cœur enfant! Cette voix sonore, puissante, donne le signal aux moissonneurs. « Il faut partir, dit le père; n'entendez-vous pas l'alouette? » Elle les suit, leur dit d'avoir courage; aux chaudes heures, les invite au sommeil, écarte les insectes. Sur la tête penchée de la jeune fille à demi éveillée elle verse des torrents d'harmonie.

« Aucun gosier, dit Toussenel, n'est capable de lutter avec celui de l'alouette pour la richesse et la variété du chant, l'ampleur et le velouté du timbre, la tenue et la portée du son, la souplesse et l'infatigabilité des cordes de la voix. L'alouette chante une heure d'affilée sans s'interrompre d'une demi-seconde, s'élevant verticalement dans les airs jusqu'à des hauteurs de mille mètres, et courant des bordées dans la région des nues pour gagner plus haut, et sans qu'une seule de ses notes se perde dans ce trajet immense.

« Quel rossignol pourrait en faire autant? »

C'est un bienfait donné au monde que ce chant de lumière, et vous le retrouvez presque en tout pays qu'éclaire le soleil. Autant de contrées différentes, autant d'espèces d'alouettes : alouettes des bois, alouettes des prés, des buissons, des marais, alouettes de la Crau de Provence, alouettes des craies de la Champagne alouettes des contrées boréales de l'un et l'autre mondes; vous les trouvez encore dans les steppes salés, dans les plaines brûlées du vent du nord de l'affreuse Tartarie. Persévérante réclamation de l'aimable nature; tendres consolations de la maternité de Dieu!

Mais l'automne est venu. Pendant que l'alouette fait derrière la charrue sa récolte d'insectes, nous arrivent les hôtes des contrées boréales : la grive exacte à nos vendanges, et, fier sous sa couronne, l'imperceptible roi du Nord. De Norwége, au temps des brouillards, nous vient le roitelet, et, sous un sapin gigantesque, le petit magicien chante sa chanson mystérieuse jusqu'à ce que l'excès du froid le décide à descendre, à se mêler, à se populariser parmi les petits troglodytes qui habitent avec nous et charment nos chaumières de leurs notes limpides.

La saison devient rude : tous se rapprochent de l'homme. Les honnêtes bouvreuils, couples doux et fidèles, viennent, avec un petit ramage mélancolique, solliciter et demander secours. La fauvette d'hiver quitte aussi ses buissons; craintive, vers le soir, elle s'enhardit à faire entendre aux portes une voix tremblotante, monotone et d'accent plaintif.

« Quand, par les premières brumes d'octobre, un peu avant l'hiver, le pauvre prolétaire vient chercher dans la forêt sa chétive provision de bois mort, un petit oiseau s'approche de lui, attiré par le bruit de la cognée; il circule à ses côtés et s'ingénie à lui faire fête en lui chantant tout bas ses plus douces chansonnettes. C'est le rouge-gorge, qu'une fée charitable a député vers le travailleur solitaire pour lui dire qu'il y a encore quelqu'un dans la nature qui s'intéresse à lui.

« Quand le bûcheron a rapproché l'un de l'autre les tisons de la veille engourdis dans la cendre ; quand le copeau et la branche sèche petillent dans la flamme, le rouge-gorge accourt en chantant pour prendre sa part du feu et des joies du bûcheron.

« Quand la nature s'endort et s'enveloppe de son manteau de neige ; quand on n'entend plus d'autres voix que celles des oiseaux du Nord, qui dessinent dans l'air leurs triangles rapides, ou celle de la bise qui mugit et s'engouffre au chaume des cabanes, un petit chant flûté, modulé à voix basse, vient protester encore au nom du travail créateur contre l'atonie universelle, le deuil et le chômage. »

Ouvrez, de grâce, donnez-lui quelques miettes, un peu de grain. S'il voit des visages amis, il entrera dans la chambre ; il n'est pas insensible au feu ; de l'hiver, par ce court été, le pauvre petit va plus fort rentrer dans l'hiver.

Toussenel s'indigne avec raison qu'aucun poëte n'ait chanté le rouge-gorge. Mais l'oiseau même est son poëte ; si l'on pouvait écrire sa petite chanson, elle exprimerait parfaitement l'humble poésie de sa vie. Celui que j'ai chez moi et qui vole dans mon cabinet, faute d'auditeurs de son espèce, se met devant la glace, et sans me déranger, à demi-voix, dit toutes ses pensées au rouge-gorge idéal qui lui apparaît de l'autre côté. En voici le sens à peu près, tel qu'une main de femme a essayé de le noter :

Je suis le compagnon
Du pauvre bûcheron.

Je le suis en automne,
Au vent des premiers froids,
Et c'est moi qui lui donne
Le dernier chant des bois.

Il est triste, et je chante
Sous mon deuil mêlé d'or.
Dans la brume pesante
Je vois l'azur encor.

Que ce chant te relève
Et te garde l'espoir!
Qu'il te berce d'un rêve,
Et te ramène au soir!

Mais quand vient la gelée,
Je frappe à ton carreau.
Il n'est plus de feuillée,
Prends pitié de l'oiseau!

C'est ton ami d'automne
Qui revient près de toi.

Le ciel, tout m'abandonne...
Bûcheron, ouvre-moi!

Qu'en ce temps de disette,
Le petit voyageur,
Régalé d'une miette,
S'endorme à ta chaleur!

Je suis le compagnon
Du pauvre bûcheron.

LE NID
J. GAUCHARD

LE NID

ARCHITECTURE DES OISEAUX

J'écris en face d'une jolie collection de nids d'oiseaux français, qu'un de mes amis a faite pour moi. Je suis à même d'apprécier, vérifier les descriptions des auteurs, de les améliorer peut-être, si les ressources bien limitées de style pouvaient donner idée d'un art tout spécial, moins analogue aux nôtres qu'on ne serait tenté de le croire au premier coup d'œil. Rien ne supplée ici à la vue des objets. Il faut voir et toucher : on sent alors que toute comparaison est inexacte et fausse. Ce sont choses d'un monde à part. Faut-il dire *au-dessus, au-dessous* des œuvres humaines? Ni l'un ni l'autre; mais différentes essentiellement, et dont les rapports ne sont guère qu'extérieurs.

Rappelons-nous d'abord que cet objet charmant, plus délicat qu'on ne peut dire, doit tout à l'art, à l'adresse, au calcul. Les matériaux, le plus souvent, sont fort rustiques, pas toujours ceux qu'eût préférés l'artiste. Les instruments sont très-défectueux. L'oiseau n'a pas la main de l'écureuil, ni la dent du castor. N'ayant que le bec et la patte (qui n'est point du tout une main), il semble que le nid doive lui être un problème insoluble. Ceux que j'ai sous les yeux sont la plupart formés d'un tissu ou enchevêtrement de mousses, petites branches flexibles ou longs filaments de végétaux; mais c'est moins encore un tissage qu'une condensation; un feutrage de matériaux mêlés, poussés et fourrés l'un dans l'autre avec effort, avec persévérance : art très-laborieux et d'opération énergique, où le bec et la griffe seraient insuffisants. L'outil, réellement, c'est le corps de l'oiseau lui-même, sa poitrine, dont il presse et serre les matériaux jusqu'à les rendre absolument dociles, les mêler, les assujettir à l'œuvre générale.

Et au dedans, l'instrument qui imprime au nid la forme circulaire n'est encore autre que le corps de l'oiseau. C'est en se tournant constamment et refoulant le mur de tous côtés qu'il arrive à former ce cercle.

Donc, la maison, c'est la personne même, sa forme et son effort le plus immédiat; je dirai sa souffrance. Le

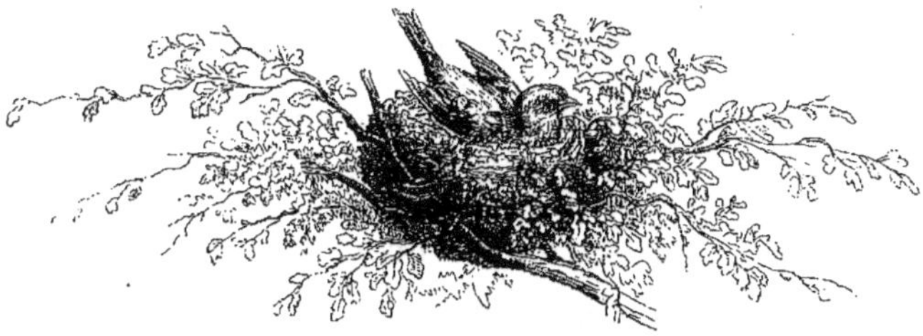

résultat n'est obtenu que par une pression constamment répétée de la poitrine. Pas un de ces brins d'herbe qui, pour prendre et garder la courbe, n'ait été mille et mille fois poussé du sein, du cœur, certainement avec trouble de la respiration, avec palpitation peut-être.

Tout autre est la demeure du quadrupède. Il naît vêtu; qu'a-t-il besoin de nid? Aussi, ceux qui bâtissent ou creusent travaillent pour eux-mêmes plus que pour leurs petits. La marmotte est un mineur habile dans son oblique souterrain, qui lui sauve le vent de l'hiver. L'écureuil, d'une main adroite, élève la jolie tourelle qui le défendra de la pluie. Le grand ingénieur des lacs, le castor, qui prévoit la crue des eaux, se fait plusieurs étages où il montera à volonté : tout cela pour l'individu. L'oiseau bâtit pour la famille. Insouciant, il vivait sous la claire feuillée, en butte à ses ennemis ; mais dès qu'il n'est plus seul, la maternité prévue, espérée, le fait artiste. Le nid est une création de l'amour.

Aussi, l'œuvre est empreinte d'une force de volonté extraordinaire, d'une passion singulièrement persévérante. Vous le sentirez surtout à ceci, qu'elle n'est pas, comme les nôtres, préparée par une charpente qui en fixe le plan, soutient et régularise le travail. Ici le plan est si bien dans l'artiste, l'idée si arrêtée, que sans charpente ni carcasse, sans appui préalable, le navire aérien se bâtit pièce à pièce, et pas une ne trouble l'ensemble. Tout vient s'y ajouter à propos, symétriquement, en parfaite harmonie : chose infiniment difficile dans un tel défaut d'instrument et dans ce rude effort de concentration et de feutrage par la pression de

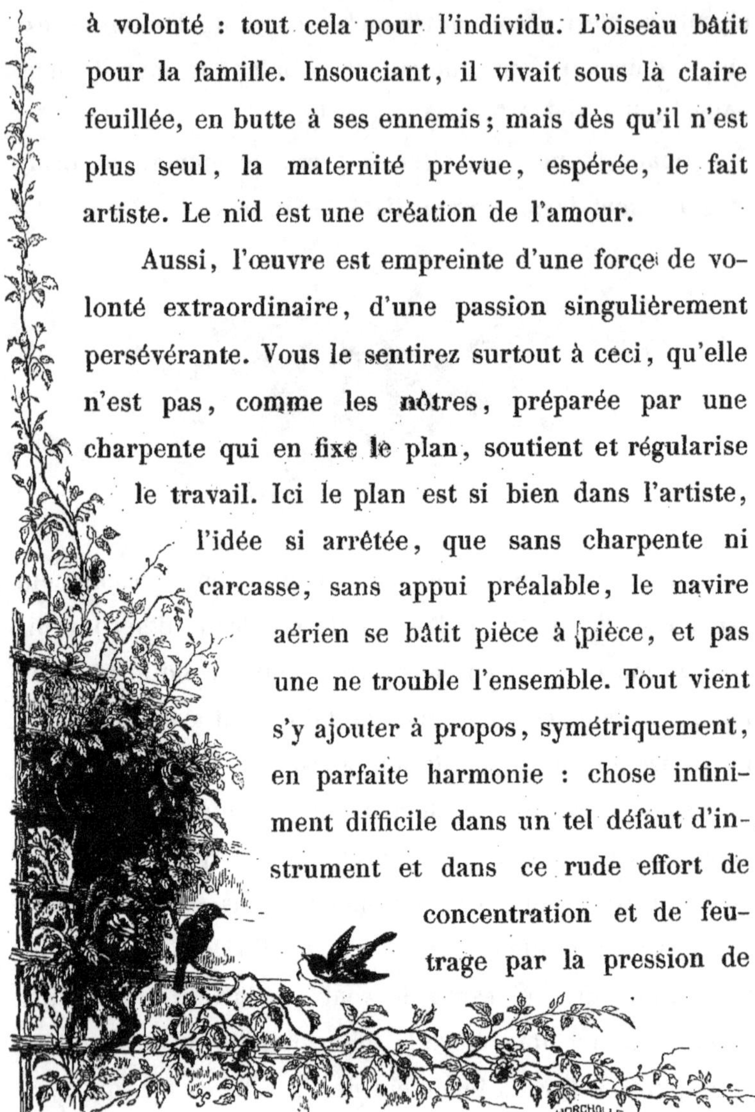

la poitrine. La mère ne se fie point au mâle pour tout cela, mais elle l'emploie comme pourvoyeur. Il va chercher des matériaux, herbes, mousses, racines ou branchettes. Mais quand le bâtiment est fait, quand il s'agit de l'intérieur, du lit, du mobilier, l'affaire devient plus difficile. Il faut songer que cette couche doit recevoir un œuf infiniment prenable au froid, dont tout point refroidi serait pour le petit un membre mort. Ce petit naîtra nu. Le ventre, au ventre de la mère bien appliqué, ne craindra pas le froid; mais le dos, dépouillé encore, le lit seul doit le réchauffer : la mère est là-dessus d'une précaution, d'une inquiétude bien difficiles à satisfaire. Le mari apporte du crin, mais c'est trop dur : il ne servirait que dessous, et comme un sommier élastique. Il apporte du chanvre, mais c'est trop froid : la soie ou le duvet soyeux de certaines plantes, le coton ou la laine, sont admis seuls; ou mieux, ses propres plumes, son duvet, qu'elle arrache et qu'elle met sous le nourrisson. Il est intéressant de voir le mâle

en quête des matériaux, quête habile et furtive : il craint qu'en le suivant des yeux, on n'apprenne trop bien le chemin de son nid. Souvent, si vous le regardez, pour vous tromper il prend un chemin différent. Cent petits vols ingénieux répondront aux désirs de la mère. Il suivra les brebis pour recueillir un peu de laine. Il prendra à la basse-cour les plumes tombées de la pondeuse. Il épiera, dans son audace, si la fermière, sous l'auvent, laisse un moment sa pelote ou sa quenouille, et s'en ira riche d'un fil dérobé.

Les collections de nids sont fort récentes, peu nombreuses, peu riches encore. Dans celle de Rouen, cependant, remarquable par l'arrangement, dans celle de Paris, où se voient plusieurs très-curieux spécimens, on distingue déjà les industries diverses qui créent ce chef-d'œuvre du nid. Quelle en est la chronologie, le crescendo? non d'un art à un autre (non du maçonnage au tressage, par exemple); mais dans chaque art, les oiseaux qui s'y livrent vont plus ou moins haut, selon l'intelligence des espèces, la facilité des matériaux ou l'exigence des climats.

Chez les oiseaux mineurs, le manchot, le pingouin, dont le petit, à peine né, sautera à la mer, se contentent de faire un trou. Mais le guêpier, l'hirondelle de mer, qui doivent élever leurs petits, se creusent sous la terre une véritable habitation, très-bien proportionnée, non sans quelque géométrie. Ils la meublent de plus et la jonchent de matières molles sur lesquelles le petit sentira moins la dureté ou la fraîcheur du sol humide.

Dans les oiseaux maçons, le flamant, qui élève la boue en pyramide pour isoler ses œufs de la terre inondée, et les couve debout sous ses longues jambes, se contente d'une œuvre grossière. C'est encore un manœuvre. Le vrai maçon, c'est l'hirondelle qui suspend sa maison aux nôtres.

La merveille du genre est peut-être l'étonnant cartonnage que travaille la grive. Son nid, fort exposé sous l'humide abri des vignes, est de mousse au dehors et échappe aux yeux, mêlé à la verdure; mais regardez dedans : c'est une coupe admirable de propreté, de poli, de luisant, qui ne cède point au verre. On pourrait s'y mirer.

L'art rustique, et propre aux forêts, de la charpente, du menuisage, de la sculpture en bois, a son infime essai dans le toucan, dont le bec est énorme, mais faible et mince; il ne s'attaque qu'aux arbres vermoulus. Le pic, mieux armé, on l'a vu, peut davantage : c'est le vrai charpentier; mais l'amour vient, c'est le sculpteur.

Infinie en genres, en espèces, est la corporation des vanniers, des tisseurs. Marquer leur point de départ, leur progrès et le terme d'une industrie si variée, ce serait un très-long travail.

Les oiseaux de rivage tressent déjà, mais avec peu d'adresse. Pourquoi feraient-ils plus? Vêtus si bien par la nature d'une plume onctueuse et presque impénétrable, ils comptent moins avec les éléments. Leur grand art est la chasse; toujours au maigre et faiblement nourris, les piscivores sont dominés par un estomac exigeant.

Le tressage fort élémentaire des hérons, des cigognes, est dépassé déjà, non de beaucoup, par les vanniers des bois, par le geai, le moqueur, l'étourneau, le bouvreuil. Leur famille plus nombreuse leur impose un travail plus grand. Ils fondent des assises grossières, mais par-dessus adaptent un panier plus ou moins élégant, un tressage de racines et bûchettes fortement liées. La cistole entrelace délicatement trois roseaux dont les feuilles, mêlées au tissu, en font la base mobile et sûre; il ondule avec elle. La mésange suspend son berceau en forme de bourse par un côté, et se confie au vent pour bercer sa famille.

Le serin, le chardonneret, le pinson, sont des feutreurs habiles. Ce dernier, inquiet, défiant, colle à l'ouvrage fait, avec beaucoup d'art et d'adresse, des lichens blancs, dont la moucheture désoriente entièrement le chercheur, et lui fait prendre ce charmant nid, si bien dissimulé, pour un accident de verdure, une chose fortuite et naturelle.

Le collage et le feutrage jouent au reste un grand rôle dans l'œuvre même des tisseurs. On aurait tort d'isoler trop ces arts. L'oiseau-mouche consolide avec la gomme des arbres sa petite maison. La plupart des autres y emploient la salive. Quelques-uns, chose étrange! subtile invention de l'amour, y joignent l'art pour lequel leurs organes leur donnent le moins de secours. Un sansonnet américain parvient à coudre des feuilles avec son bec, et très-adroitement.

Quelques tresseurs habiles, non contents du bec, y joignent le pied. La chaîne préparée, ils la fixent du pied, pendant que le bec y insère la trame. Ils deviennent de vrais tisserands.

L'adresse ne manque pas, en résumé. Elle est même étonnante; mais les instruments manquent. Ils sont étrangement impropres à ce qu'ils ont à faire. La plupart des insectes sont en comparaison merveilleusement armés, ustensilés. Ce sont de véritables ouvriers qui naissent tels. L'oiseau ne l'est que pour un temps, par l'inspiration de l'amour.

VILLES
DES
OISEAVX

VILLES DES OISEAUX

ESSAIS DE RÉPUBLIQUE

Plus j'y songe, plus je vois que l'oiseau n'est pas, comme l'insecte, un animal industriel. C'est le poëte de la nature, le plus indépendant des êtres, d'une vie sublime, aventureuse, au total très-peu protégée.

Entrons dans les forêts sauvages de l'Amérique, examinons les moyens de sûreté qu'inventent ou possèdent les êtres isolés. Comparons les ressources de l'oiseau, l'effort de son génie, aux inventions de son voisin, l'homme, qui vit aux mêmes lieux. La différence fait honneur à l'oiseau; l'invention humaine est tout offensive. L'Indien a trouvé le casse-tête, le couteau de pierre à scalper, l'oiseau n'a trouvé que le nid.

Pour la propreté, la chaleur, pour la grâce élégante, le nid est supérieur de tout point au wigwam de l'Indien, à la case du nègre, qui souvent, en Afrique, n'est qu'un baobad creusé par le temps.

Le nègre n'a pas encore trouvé la porte; sa maison reste ouverte. Contre l'invasion nocturne des bêtes, il en obstrue l'entrée d'épines.

L'oiseau non plus ne sait fermer son nid. Quelle sera sa défense? Grande et terrible question.

Il fait l'entrée étroite et tortueuse. S'il choisit un nid naturel, comme fait la sistelle, au creux d'un arbre, il en rétrécit l'ouverture par un habile maçonnage. Plusieurs, comme le fournier, bâtissent un nid double en deux appartements : dans l'alcôve couve la mère; au vestibule veille le père, sentinelle attentive pour repousser l'invasion.

Que d'ennemis à craindre! serpents, hommes ou singes, écureuils! Et que dis-je? les oiseaux eux-mêmes. Ce peuple aussi a ses voleurs. Les voisins aident parfois le faible à recouvrer son bien, à chasser par la force l'injuste usurpateur. On assure que les freux (espèce de corneilles) poussent plus loin l'esprit de justice. Ils ne pardonnent pas au jeune couple qui, pour être plus tôt en ménage, vole les matériaux, le mobilier d'un autre nid. Ils se réunissent huit ou dix ensemble pour mettre en pièces le nid coupable,

détruisent de fond en comble cette maison de vol. Et les voleurs punis s'en vont bâtir au loin, forcés de tout recommencer.

N'est-ce pas là une idée de la propriété et du droit sacré du travail?

Où en trouver les garanties, et comment assurer un commencement d'ordre public? Il est curieux de savoir comment les oiseaux ont résolu la question.

Deux solutions se présentaient : la première était l'*asso-*

ciation, l'organisation d'un gouvernement qui concentrât la force, et de la réunion des faibles fît une puissance défensive. La seconde (mais miraculeuse? impossible? imaginative?) aurait été la réalisation de la *ville aérienne* d'Aristophane, la construction d'une demeure gardée, par sa légèreté, des lourds brigands de l'air, inaccessible aux approches des brigands de la terre, au chasseur, au serpent.

Ces deux choses, l'une difficile, l'autre qui semble impossible, l'oiseau les a réalisées.

L'association d'abord et le gouvernement. La monarchie est l'essai inférieur. De même que les singes ont un roi qui conduit chaque bande, plusieurs espèces d'oiseaux, dans les dangers surtout, paraissent suivre un chef.

Les fourmiliers ont un roi; les oiseaux de paradis ont un roi. Le tyran, intrépide petit oiseau d'audace extraordinaire, couvre de son abri des espèces plus grosses, qui le suivent et se fient à lui. On assure que le noble épervier, réprimant ses instincts de proie pour certaines espèces, laisse nicher sous lui, autour de lui, des familles craintives qui croient à sa générosité.

Mais l'association la plus sûre est celle des égaux. L'autruche, le manchot, une foule d'espèces, s'unissent pour cela. Plusieurs espèces, unies pour voyager, forment, au moment de l'émigration, des républiques temporaires. On sait la bonne entente, la gravité républicaine, la parfaite tactique des cigognes et des grues. D'autres, plus petits et moins armés, dans des climats d'ailleurs où la nature, cruellement féconde, leur engendre sans cesse de redoutables ennemis, n'osent pas s'écarter les uns des autres, rapprochent leurs demeures sans les confondre, et, sous un toit commun vivant en cellules à part, forment de véritables ruches.

La description donnée par Paterson paraissait fabuleuse. Mais elle a été confirmée par Levaillant, qui trouva souvent en Afrique, étudia, anatomisa cette étrange cité. La gravure donnée dans l'*Architecture of birds* fait mieux comprendre son récit. C'est l'image d'un immense parapluie posé sur un arbre et couvrant de son toit commun plus de trois cents habitations. « Je me le fis apporter, dit Levaillant, par plusieurs hommes qui le mirent sur un chariot. Je le coupai avec une hache, et je vis que c'était surtout une masse d'herbe de bosman, sans aucun mélange, mais si fortement tressée qu'il était impossible à la pluie de le traverser. Cette masse n'est que la charpente de l'édifice : chaque oiseau se construit un nid particulier sous le pavillon commun. Les nids occupent seulement le rebord du toit; la partie supérieure reste vide, sans cependant être inutile : car, s'élevant plus que le reste, elle donne au tout une inclinaison suffisante, et préserve

ainsi chaque petite habitation. En deux mots, qu'on se figure un grand toit oblique et irrégulier, dont tous les bords à l'intérieur sont garnis de nids serrés l'un contre l'autre, et l'on aura une idée exacte de ces singuliers édifices.

« Chaque nid a trois ou quatre pouces de diamètre, ce qui est suffisant pour l'oiseau; mais, comme ils sont en contact l'un avec l'autre autour du toit, ils paraissent à l'œil ne former qu'un seul bâtiment, et ne sont séparés que par une petite ouverture qui sert d'entrée au nid, et souvent une seule entrée est commune à trois nids, dont l'un est au fond, et les deux autres de chaque côté. Il y avait 320 cellules, ce qui ferait 640 habitants, si chacune renfermait un couple, ce dont on peut douter. Chaque fois, pourtant, que j'ai tiré sur un essaim, j'ai tué en même nombre les mâles et les femelles. »

Louable exemple! digne d'imitation!... Je voudrais seulement croire que la fraternité de ces pauvres petits est une garantie suffisante. Leur nombre et leur bruit peuvent parfois alarmer l'ennemi, inquiéter le monstre, lui faire prendre un autre chemin. Mais pourtant s'il s'obstine; si, fort de sa peau écaillée, le boa, sourd aux cris, monte à l'assaut, envahit la cité au temps où les petits n'ont pas encore de plumes pour voler, ce nombre ne peut guère que multiplier les victimes.

Reste l'idée d'Aristophane, *la cité aérienne*, s'isoler de la terre, de l'eau, et bâtir dans les airs.

Ceci est un coup de génie. Et pour le faire il fallait le miracle des deux premières puissances qui soient au monde : de l'amour, de la peur.

De la peur la plus vive, de celle qui vous glace le sang : si, regardant dans un trou d'arbre, la tête noire et plate d'un froid reptile se lève et vous siffle au visage, homme et fort, vous tremblez.

Combien plus doit frémir, s'abîmer d'épouvante la faible créature désarmée, prise en son nid, et sans pouvoir se servir de ses ailes!

La découverte de la ville aérienne s'est faite au pays des serpents.

L'Afrique, terre des monstres, dans les horribles sécheresses, les voit couvrir la terre. L'Asie, sur son brûlant rivage de Bombay, dans ses forêts où le limon fermente, les fait pulluler et grossir, se gonfler de venin. Aux Moluques ils sont innombrables.

De là l'inspiration de la *Loxia pensilis* (gros-bec des Philippines). Tel est le nom du grand artiste.

Il choisit un bambou, tout près des eaux. Aux branches de cet arbre il suspend délicatement des filaments de plantes. D'avance, il sait le poids du nid, et ne se trompe pas. Aux filaments il attache une à une (ne s'appuyant sur rien et travaillant en l'air) des herbes assez dures. L'ouvrage est long et fatigant; il suppose une patience, un courage infinis.

Le vestibule seul n'est pas moins qu'un cylindre de douze à quinze pieds qui pend sur l'eau, l'ouverture par en bas, de sorte qu'on entre en montant. L'extrémité d'en haut semble une gourde ou un sac gonflé, comme la cornue d'un chimiste. Parfois, cinq ou six cents nids semblables pendent à un seul arbre.

Voilà ma ville aérienne, non rêvée et fantastique, comme celle d'Aristophane, mais certaine, réalisée, répondant aux trois conditions, sûre du côté de l'eau et de la terre, même inaccessible aux brigands de l'air par ses étroites ouvertures, où l'on n'entre qu'en montant avec tant de difficulté.

Maintenant ce qu'on dit à Colomb quand il défia de

faire tenir un œuf debout, vous le direz peut-être à l'ingénieux oiseau pour sa cité suspendue. Vous lui direz : « C'était bien simple. » A quoi l'oiseau répondra, comme Colomb : « Que ne le trouviez-vous? »

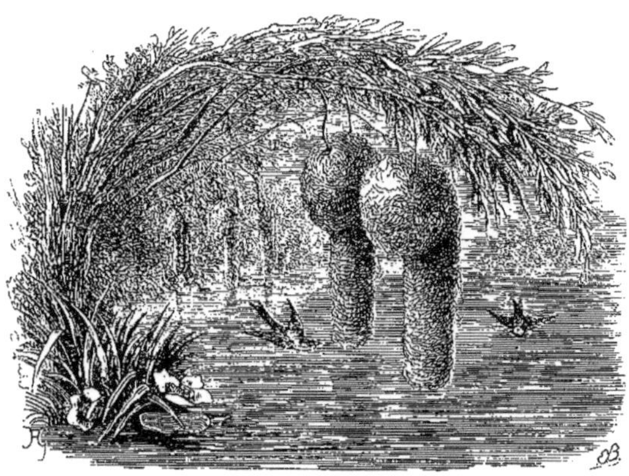

EDUCATION

ÉDUCATION

Voilà donc le nid fait, et garanti par tous les moyens de prudence qu'a pu trouver la mère. Elle s'arrête sur son œuvre finie, et rêve l'hôte nouveau qu'il contiendra demain.

A ce moment sacré, ne devons-nous pas, nous aussi, réfléchir, et nous demander ce que contient ce cœur de mère?

Une âme? oserons-nous dire que cette ingénieuse architecte, cette mère tendre, ait une âme?

Bien des personnes, du reste, fort sensibles

et fort sympathiques, se récrieraient, repousseraient cette idée si naturelle, comme une scandaleuse hypothèse.

Leur cœur les y mènerait; leur esprit les en éloigne, du moins leur éducation, telle idée qu'on a de bonne heure imposée à leur esprit.

Les *bêtes* ne sont que des machines, des automates mécaniques; ou, si l'on croit voir en elles des lueurs de sensibilité et de raison, c'est le pur effet de l'*instinct.* Mais l'instinct, qu'est-ce que c'est? Je ne sais quel sixième sens qui ne se définit pas, qui a été mis en elles, non acquis par elles-mêmes, force aveugle qui agit, construit et fait mille choses ingénieuses, sans qu'elles en aient conscience, sans que leur activité personnelle y soit pour rien.

S'il en est ainsi, cet instinct sera une chose invariable, et ses œuvres seront choses immuablement régulières, que le temps ni les circonstances ne diversifieront jamais.

Les esprits indifférents, distraits, occupés ailleurs, qui n'ont pas le temps d'observer, recevront ceci sur parole. Pourquoi pas? Au premier coup d'œil, tels actes des animaux, telles œuvres aussi, paraissent *à peu près* régulières. Pour en juger autrement, peut-être il faudrait plus d'attention, de suite, de temps et d'étude, que la chose n'en vaut la peine.

Ajournons cette dispute, et voyons l'objet lui-même. Prenons le plus humble exemple, un exemple individuel;

faisons appel à nos yeux, à notre observation propre, telle que chacun peut la faire avec le sens le plus vulgaire.

Qu'on me permette de donner ici bonnement et simplement le journal de ma serine Jonquille, comme il fut écrit heure par heure à la naissance de son premier enfant; journal très-exact, et, bref, acte de naissance authentique.

« Il faut dire d'abord que Jonquille était née en cage et n'avait pas vu faire de nid. Dès que je la vis agitée de sa maternité prochaine, je lui ouvris souvent la porte, et la laissai libre de recueillir dans l'appartement les éléments de la couche dont aurait besoin le petit. Elle les ramassait en effet, mais sans savoir les employer. Elle les réunissait, les poussait et les fourrait dans quelque coin de la cage. Il était très-évident que l'art de la construction n'était point inné en elle, que (tout comme l'homme) l'oiseau ne sait pas sans avoir appris.

« Je lui donnai le nid tout fait, du moins la petite corbeille qui fait la charpente et les murs de la construction. Elle fit alors le matelas, et feutra tellement quellement les parois. Elle couva ensuite son œuf pendant seize jours avec une persévérance, une ferveur, une dévotion maternelle étonnantes, sortant à peine quelques minutes par jour de cette position si fatigante, et seulement lorsque le mâle voulait bien la remplacer.

« Le seizième jour à midi, la coquille fut cassée en

deux, et l'on vit ramper dans le nid de petites ailes sans plumes de petits pieds, quelque chose qui travaillait à se dégager entièrement de l'enveloppe. Le corps était un gros ventre, arrondi comme une boule. La mère, avec de grands yeux, le cou en avant, les ailes frémissantes, du bord du panier regardait l'enfant et me regardait aussi comme en disant : *N'approchez pas !*

« Sauf quelques longs duvets aux ailes et à la tête, il était tout à fait nu.

« Ce premier jour, elle lui donna seulement à boire. Il ouvrait cependant déjà un bec fort raisonnable.

« De temps en temps, pour le faire mieux respirer, elle s'écartait un peu, puis le remettait sous son aile et le frictionnait délicatement.

« Le second jour, il mangea, mais une becquée fort légère de mouron, bien préparée, apportée par le père d'abord, reçue par la mère et transmise par elle avec de petits cris. Vraisemblablement c'était moins nourriture que purgation.

« Tant que l'enfant a ce qu'il faut, elle laisse le père voler, aller et venir, vaquer à ses occupations. Mais dès que l'enfant demande, la mère, de sa plus douce voix, appelle le nourricier, qui remplit son bec, arrive en hâte et lui transmet l'aliment.

« Le cinquième jour, les yeux sont moins proéminents ;

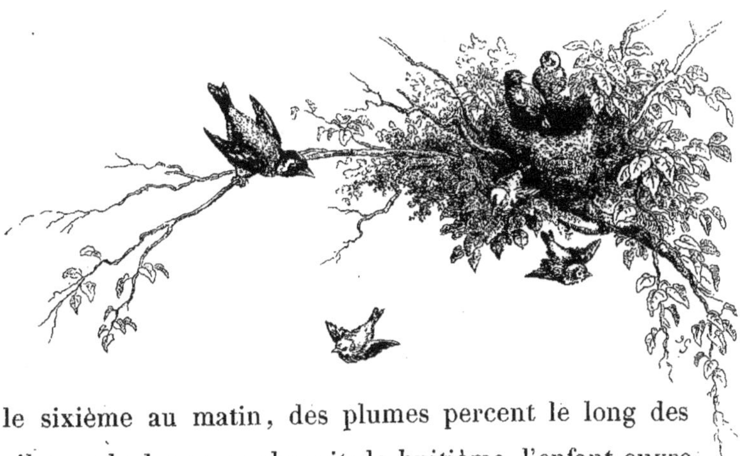

le sixième au matin, des plumes percent le long des ailes, et le dos se rembrunit; le huitième, l'enfant ouvre les yeux quand on l'appelle, et commence à bégayer; le père hasarde de nourrir le petit lui-même. La mère prend des vacances et fait de fréquentes absences. Elle se pose souvent au bord du nid, et contemple amoureusement son enfant. Mais celui-ci s'agite, sent le besoin du mouvement. Pauvre mère! dans bien peu il voudra t'échapper.

« Dans cette première éducation de la vie élémentaire et passive encore, comme dans la seconde (active, celle du vol), dont je parlerai, ce qui était évident, perceptible à chaque moment, c'est que tout était proportionné avec une prudence infinie à la chose la moins prévue, chose essentiellement variable, la force individuelle de l'enfant; les quantités, les qualités, le mode de la préparation alimentaire, les soins de réchauffement, de friction et de propreté.

administrés avec une adresse et une attention de détails, nuancés selon l'occurrence, tels que la femme la plus délicate, la plus prévoyante, y aurait à peine atteint.

« Quand je voyais son cœur battre avec violence, son œil s'illuminer en regardant son cher trésor, je disais : « Ferais-je autrement près du berceau de mon fils? »

Ah! si c'est là une machine, que suis-je moi-même? et qui prouve alors que je suis une personne? S'il n'y a pas là une âme, qui me répond de l'âme humaine? A quoi se fier donc alors? Et tout ce monde n'est-il pas un rêve, une fantasmagorie, si, des actes les plus personnels, les plus manifestement raisonnés et calculés, je dois conclure qu'il n'y a rien qu'absence de la raison, mécanisme, automatisme, une espèce de pendule qui joue la vie et la pensée!

Notez que notre observation portait sur un être captif qui opérait dans des circonstances fatales et déterminées de logement, de nourriture, etc., etc. Mais combien son action eût-elle été encore plus évidemment choisie, voulue et réfléchie, si tout cela s'était passé dans la liberté des forêts, où elle eût dû s'inquiéter de tant d'autres circonstances auxquelles la captivité la dispensait de songer! Je pense surtout aux soins de sécurité, qui pour l'oiseau sont peut-être les premiers dans la vie sauvage, et qui plus qu'aucune chose exercent et constatent son libre génie.

Cette première initiation à la vie, dont je viens de

donner un exemple, est suivie de ce que j'appellerais l'*éducation professionnelle;* chaque oiseau a un métier.

Éducation plus ou moins laborieuse selon le milieu et les circonstances où est placée chaque espèce. Celle de la pêche, par exemple, est simple pour le manchot, qui, peu ingambe, a assez de peine pour mener le petit à la mer; sa grande nourrice l'attend et lui tient la nourriture prête : il n'a qu'à ouvrir le bec. Chez le canard, cette éducation est plus compliquée. J'observais, cet été, sur un étang de Normandie, une cane, suivie de sa couvée, qui donnait sa

première leçon. Les nourrissons, attroupés, avides, ne demandaient qu'à vivre. La mère, docile à leurs cris, plongeait au fond de l'eau, rapportant quelque vermisseau ou un petit poisson qu'elle distribuait avec impartialité, ne donnant jamais deux fois de suite au même caneton.

Le plus touchant dans ce tableau, c'est que la mère, dont sans doute l'estomac réclamait aussi, ne gardait rien pour elle et semblait heureuse du sacrifice. Sa préoccupation visible était d'amener sa famille à faire comme elle, à disparaître intrépidement sous l'eau pour saisir la proie. D'une voix presque douce, elle sollicitait cet acte de courage et de confiance. J'eus le bonheur de voir l'un après l'autre chacun des petits plonger, peut-être en frémissant, au fond du noir abîme. L'éducation venait d'être achevée.

Éducation fort simple, et d'un des métiers inférieurs. Resterait à parler de celle des arts, de l'art du vol, de l'art du chant, de l'art architectural. Rien de plus compliqué que l'éducation de certains oiseaux chanteurs. La persévérance du père, la docilité des petits, sont dignes de toute admiration.

Et cette éducation s'étend au delà de la famille. Les rossignols, les pinsons, jeunes encore ou moins habiles, savent écouter et profiter auprès de l'oiseau supérieur qu'on leur donne pour maître. Dans les palais de Russie où on a ce noble goût oriental pour le chant de Bulbul, on voit parfois de ces écoles. Le maître rossignol, dans sa cage suspendue au centre d'une salle, a autour de lui ses disciples dans leurs cages respectives. On paye tant par heure pour qu'ils viennent écouter et prendre leçon. Avant que le maître chante, ils jasent entre eux, gazouillent, se saluent et se reconnaissent. Mais dès que le puissant docteur, d'un impérieux coup de gosier, comme d'une fine cloche d'acier, a imposé le silence, vous les voyez écouter avec une déférence sensible, puis timidement répéter. Le maître, avec complaisance, revient aux principaux passages, corrige, rectifie doucement. Quelques-uns alors s'enhardissent et, par quelques accords heureux, essayent de s'harmoniser à cette mélodie supérieure.

Une éducation si délicate, si variée, si compliquée, est-elle d'une machine, d'une brute réduite à l'instinct? Qui peut y méconnaître une âme?

Ouvrons les yeux à l'évidence. Laissons là les préjugés, les choses apprises et convenues. De quelque idée préconçue, de quelque dogme qu'on parte, on ne peut pas offenser Dieu en rendant une âme à la bête. Combien n'est-il pas plus grand s'il a créé des personnes, des âmes et des volontés, que s'il a construit des machines!

Laissez l'orgueil, et convenez d'une parenté qui n'a rien dont rougisse une âme pieuse. Que sont ceux-ci? ce sont vos frères.

Que sont-ils? des âmes ébauchées, des âmes spécialisées encore dans telles fonctions de l'existence, des candidats à la vie plus générale et plus vastement harmonique où est arrivée l'âme humaine.

Y viendront-ils? et comment? Dieu s'est réservé ces mystères.

Ce qui est sûr, c'est qu'il les appelle, eux aussi, à monter plus haut.

Ceux-ci sont, sans métaphore, les petits enfants de la nature, nourrissons de la Providence, qui s'essayent à sa

lumière pour agir, penser, qui tâtonnent, mais peu à peu iront plus loin.

> O pauvre enfantelet! du fil de tes pensées
> L'échevelet n'est encore débrouillé...

Ames d'enfants, en réalité, mais bien plus que celles des enfants de l'homme douces, résignées et patientes. Voyez dans quelle débonnaireté muette la plupart supportent (comme nos chevaux) les mauvais traitements, les coups, les blessures! Tous savent porter la maladie, tous la mort. Ils s'en vont à part, s'enveloppent de silence, se couchent et se cachent; cette douceur leur sert souvent des remèdes les plus efficaces. Sinon, ils acceptent leur sort, passent comme s'ils s'endormaient.

Aiment-ils autant que nous? Comment en douter, quand on voit les plus timides devenir tout à coup héroïques pour défendre leurs petits et leur famille? Le dévouement de l'homme qui brave la mort pour ses enfants, vous le retrouverez tous les jours chez le tyran, chez le martin, qui non-seulement résiste à l'aigle, mais le poursuit avec une fureur héroïque.

Voulez-vous voir deux choses étonnamment analogues? Regardez d'une part la femme au premier pas de l'enfant, et d'autre part l'hirondelle au premier vol du petit.

C'est la même inquiétude, les mêmes encouragements, les exemples et les avis, la sécurité affectée, au fond la peur, le tremblement... « Rassure-toi... Rien n'est plus facile. » En réalité, les deux mères frémissent intérieurement.

Les leçons sont curieuses. La mère se lève sur ses ailes: il regarde attentivement et se soulève un peu aussi; puis, vous la voyez voleter : il regarde, agite ses ailes... Tout cela va bien encore, cela se fait dans le nid... La difficulté commence pour se hasarder d'en sortir. Elle l'appelle, elle lui montre quelque petit gibier tentant, elle lui promet récompense, elle essaye de l'attirer par l'appât d'un moucheron.

Le petit hésite encore. Et mettez-vous à sa place. Il ne s'agit pas ici de faire un pas dans une chambre, entre la mère et la nourrice, pour tomber sur des coussins. Cette hirondelle d'église, qui professe au haut de sa tour sa première leçon de vol, a peine à enhardir son fils, à s'enhardir peut-être elle-même à ce moment décisif. Tous deux, j'en suis sûr, du regard plus d'une fois mesurent l'abîme et regardent le pavé... Pour moi, je vous le déclare, le spectacle est grand, émouvant. Il faut *qu'il croie* sa mère, il faut *qu'elle se fie à l'aile* du petit si novice encore... Des deux côtés, Dieu exige un acte de foi, de courage. Noble et sublime point de départ!... Mais il a cru, il est lancé, et il ne retombera pas. Tremblant, il nage soutenu du paternel souffle du ciel, des cris rassurants de sa mère... Tout est fini... Désormais, il volera indifférent par les vents et par les orages, fort de cette première épreuve où il a volé dans la foi.

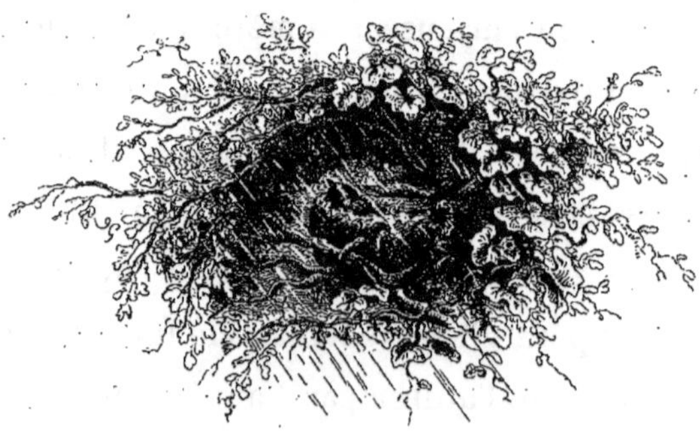

Giacomelli
L'ART ET L'INFINI
SARGENT

LE ROSSIGNOL

L'ART ET L'INFINI

Le célèbre Pré-aux-Clercs, aujourd'hui marché Saint-Germain, est, comme on sait, le dimanche, le marché aux oiseaux de Paris. Lieu curieux à plus d'un titre. C'est une vaste ménagerie, fréquemment renouvelée, musée mobile et curieux de l'ornithologie française.

D'autre part, un tel encan d'êtres vivants, après tout, de captifs dont un grand nombre sentent vivement la captivité, d'esclaves que le marchand montre, vend et fait valoir plus ou moins adroitement, rappelle indirectement les marchés de l'Orient, les encans d'esclaves humains. Les esclaves ailés, sans savoir nos langues, n'expriment pas moins clairement la pensée de l'esclavage, les uns nés ainsi, résignés, ceux-là sombres et muets, rêvant toujours la liberté. Quelques-uns paraissent s'adresser à vous, vouloir arrêter le passant, ne demander qu'un bon maître. Que de fois nous vîmes un chardonneret intelligent, un aimable rouge-gorge, nous regarder tristement, mais d'un regard non équivoque qui disait : « Achète-moi! »

Un dimanche de cet été, nous y fîmes une visite que nous n'oublierons jamais. Le marché n'était pas riche, encore moins harmonieux : les temps de mue et de silence avaient commencé. Nous n'en fûmes pas moins saisis et vivement intéressés de la naïve attitude de quelques individus. Le chant, le plumage, ces deux hauts attributs de l'oiseau, préoccupent ordinairement, et empêchent d'observer leur vive et originale pantomime. Un seul, le moqueur d'Amérique, a le génie du comédien, marquant tous ses chants d'une mimique strictement appropriée à leur caractère et souvent très-ironique. Nos oiseaux n'ont pas cet art singulier; mais, sans art et à leur insu, ils expriment par des mouvements significatifs, souvent pathétiques, ce qui traverse leur esprit.

Ce jour, la reine du marché était une fauvette à tête noire, oiseau artiste de grand prix, mis à part dans l'étalage, au-dessus des autres cages, et comme un bijou sans pair. Elle voletait, svelte et charmante; en elle tout était grâce. Formée à la captivité dans une longue éducation, elle semblait ne regretter rien, et ne pouvait donner à l'âme que des impressions douces, heureuses. C'était visiblement un être tout suave, et si harmonique de chant et de mouvement, qu'en la voyant se mouvoir, je croyais l'entendre chanter.

Plus bas, bien plus bas, dans une étroite cage, un oiseau un peu plus gros, fort inhumainement resserré, donnait une impression bizarre et toute contraire. C'était un pinson, et le premier que j'aie vu aveugle. Nul spectacle plus pénible. Il faut avoir une nature étrangère à toute harmonie, une âme barbare, pour acheter par une telle vue le chant de cette victime. Son attitude tourmentée, laborieuse, me rendait son chant douloureux. Le pis, c'est qu'elle était humaine : elle rappelait les tours de tête et d'épaules disgracieux que se donnent souvent les myopes ou les hommes devenus aveugles. Tel n'est jamais l'aveugle-né. Dans un effort violent, mais constant, devenu un tic, la tête inclinée à droite, de ses yeux vides il cherchait la lumière. Le cou tendait à rentrer dans les épaules et se gonflait comme pour y prendre plus de force, cou tors, épaules un peu bossues. Ce malheureux virtuose, qui chantait quand même, contrefait et déformé, eût été une image basse des laideurs de l'esclave artiste, s'il n'eût été ennobli par cet indomptable effort de poursuivre la lumière, la cherchant toujours en haut, et puisant toujours son chant dans l'invisible soleil qu'il avait gardé dans l'esprit.

Médiocrement éducable, cet oiseau répète, d'un merveilleux timbre d'acier, la chanson de son bois natal, et de l'accent particulier du canton où il est né : autant de dialectes de pinsons que de cantons différents. Il se reste fidèle à lui-même; il ne chante que son berceau, et cela d'une même note, mais d'une âpre passion, d'une émulation extraordinaire. Mis en face d'un rival, il la redira huit cents fois de suite; parfois il en meurt. Je ne m'étonne pas que les Belges célèbrent avec passion les combats de ce héros du chant national, du chantre de leurs forêts d'Ardennes, décernent des prix, des couronnes, même des arcs de triomphe, à ces dévouements suprêmes, qui donnent la vie pour la victoire.

Plus bas encore que le pinson, et dans une misérable cage fort petite, peuplée pêle-mêle d'une demi-douzaine d'oiseaux de tailles fort différentes, on me montra un prisonnier que je n'aurais pas distingué, un jeune rossignol pris le matin même. L'oiseleur, par un habile machiavélisme, avait mis le triste captif dans un monde de petits esclaves fort gais et déjà tout faits à la reclusion. C'étaient de jeunes troglodytes, nés en cage et récemment; il avait fort bien calculé que la vue des jeux de l'enfance innocente trompe parfois les grandes douleurs.

Grande évidemment, immense était celle-ci, plus frappante qu'aucune de celles que nous exprimons par les larmes. Douleur muette, enfermée en soi, qui ne voulait que ténèbres. Il était au plus loin reculé dans l'ombre, au fond de la cage, caché à demi au fond d'une petite mangeoire, se faisant gros et gonflé de ses plumes un peu hérissées, fermant les yeux, sans les ouvrir même quand il était heurté dans les jeux folâtres, indiscrets, de ces petits turbulents qui se poussaient souvent sur lui. Visiblement, il ne voulait ni voir, ni entendre, ni manger, ni se consoler. Ces ténèbres volontaires, je le sentais bien, étaient, dans sa cruelle douleur, *un effort pour ne pas être,* un suicide intentionnel. D'esprit, il embrassait la mort, et mourait, autant qu'il pouvait, par la suspension des sens et de toute activité extérieure.

Notez que, dans cette attitude, il n'y avait rien de haineux, rien d'amer, rien de colérique, rien de ce qui eût rappelé son voisin, l'âpre pinson, dans son attitude d'effort si violente et si tourmentée. Même l'indiscrétion des oiseaux enfants qui, sans souci ni respect, se jetaient par moments sur lui, ne tirait de lui aucune marque d'impatience. Il disait visiblement : « Qu'importe à celui qui n'est plus? » Quoique ses yeux fussent fermés, je n'en lisais pas moins en lui. Je sentais une âme d'artiste, toute douceur et toute lumière, sans fiel et sans dureté contre la barbarie du monde et la férocité du sort. Et c'est de cela qu'il vivait, c'est par là qu'il ne mourait pas, trouvant en lui, dans ce grand deuil, le tout-puissant cordial inhérent à sa nature : *la lumière intérieure, le chant.* Ces deux mots disent même chose en langue de rossignol.

Je compris qu'il ne mourait pas, parce qu'alors même, malgré lui, malgré ce goût de la mort, il ne laissait pas de chanter. Son cœur chantait le chant muet que j'entendais parfaitement :

Lascia che io pianga!
La Libertà...

La Liberté!... Laissez-moi, que je pleure!

Je ne m'étais pas attendu à retrouver là ce chant qui jadis, par une autre bouche (une bouche qui ne s'ouvrira plus), m'avait déjà mordu le cœur, et mis là une blessure que le temps n'effacera pas.

Je demandais à son geôlier si l'on pouvait l'acheter. Cet homme rusé me répondit qu'il était trop jeune pour être vendu, qu'il ne mangeait pas encore seul : chose fausse évidemment, car il n'était pas de l'année, mais il le gardait pour le vendre à l'hiver, lorsque la voix, revenue, lui donnerait un haut prix. Un tel rossignol, né libre, qui seul est le vrai rossignol, a une bien autre valeur que celui qui naît en cage : il chante bien autrement, ayant connu la liberté, la nature, et les regrettant. La meilleure part du génie du grand artiste est la douleur.....

Artiste! J'ai dit ce mot, et je ne m'en dédis pas. Ce n'est pas une analogie, une comparaison de choses qui se ressemblent : non, c'est la chose elle-même.

Le rossignol, à mon sens, n'est pas le premier, mais le seul, dans le peuple ailé, à qui l'on doive ce nom.

Pourquoi? Seul il est créateur; seul il varie, enrichit, amplifie son chant, y ajoute des chants nouveaux. Seul il est fécond et varié par lui-même; les autres le sont par l'enseignement et l'imitation. Seul il les résume, les contient presque tous : chacun d'eux, des plus brillants, donne un couplet du rossignol.

Un seul oiseau avec lui, dans le naïf et le simple, atteint des effets sublimes : c'est l'alouette, fille du soleil. Et le rossignol aussi est inspiré de la lumière, tellement qu'en captivité, seul, privé d'amour, elle suffit pour le faire chanter. Tenu quelque temps dans l'ombre, puis tout à coup rendu au jour, il délire d'enthousiasme, il éclate en hymnes. Il y a, toutefois, cette différence : l'alouette ne chante pas la nuit; elle n'a pas la mélodie nocturne, l'entente des grands effets du soir, la profonde poésie des ténèbres, la solennité de minuit, les aspirations d'avant l'aube, enfin ce poëme si varié qui nous traduit, nous dévoile, en toutes ses péripéties, un grand cœur plein de tendresse. L'alouette a le génie lyrique; le rossignol a l'épopée, le drame, le combat intérieur : de là une lumière à part. En pleines ténèbres, il voit dans son âme et dans l'amour; par moments, au delà, ce semble, de l'amour individuel, dans l'océan de l'amour infini.

Comment ne pas l'appeler artiste? il en a le tempérament au degré suprême où l'homme l'a lui-même rarement.

Tout ce qui y tient, qualités, défauts, en lui surabonde. Il est sauvage et craintif, défiant, mais point du tout rusé. Il ne consulte point sa sûreté et ne voyage que seul. Il est ardemment jaloux, en émulation égal au pinson. « Il se crèverait à chanter, » dit un de ses historiens. Il s'écoute, il

s'établit surtout où il y a écho, pour entendre et répondre. Nerveux à l'excès, on le voit, en captivité, tantôt dormir longtemps le jour avec des rêves agités, parfois se débattre, veiller et se démener. Il est sujet aux attaques de nerfs, à l'épilepsie.

Il est bon, il est féroce. Je m'explique. Son cœur est tendre pour les faibles et les petits : donnez-lui des orphelins, il s'en charge, les prend à cœur ; mâle et vieux, il les nourrit, les soigne attentivement comme ferait une femelle. D'autre part, il est extrêmement âpre à la proie, engloutissant et avide; la flamme qui brûle en lui et le tient presque toujours maigre lui fait constamment sentir le besoin du renouvellement : et c'est aussi une des raisons qui font qu'on le prend si aisément. Il suffit de tendre au matin, en avril et mai surtout, quand il s'épuise à chanter dans toute la longueur des nuits. A l'aurore, exténué, faible, avide, il se jette à l'aveugle sur l'appât. Il est d'ailleurs fort curieux; et, pour voir des objets nouveaux, il vient également se faire prendre.

Une fois pris, si l'on n'avait soin de lier ses ailes, ou plutôt de couvrir à l'intérieur et de matelasser le haut de sa cage, il se tuerait par sa violence effarée et ses mouvements.

Cette violence est extérieure. Au fond, il est doux et docile : c'est là ce qui le met si haut et le fait vraiment artiste. Il est non-seulement le plus inspiré, mais le plus éducable, le plus civilisable, le plus laborieux.

C'est un spectacle de voir les petits autour du père, écouter attentivement, profiter, se former la voix, corriger peu à peu leurs fautes, leur rudesse de novices, assouplir leurs jeunes organes.

Mais combien plus curieux est-il de le voir se former lui-même, se juger, se perfectionner, s'écouter sur de nouveaux thèmes! Cette persévérance, ce sérieux, qui vient du respect de son art et d'une religion intérieure, c'est la moralité de l'artiste, son sacre divin, qui le met à part, ne permettant pas de le confondre avec le vain improvisateur, dont le babil sans conscience est un simple écho de la nature.

Ainsi l'amour et la lumière sont sans doute son point de départ; mais l'art même, l'amour du beau, confusément entrevus et très-vivement sentis, sont un second aliment qui soutient son cœur et lui donne un souffle nouveau. Et cela est sans limites, un jour ouvert sur l'infini.

La vraie grandeur de l'artiste, c'est de dépasser son objet, et de faire plus qu'il ne veut, et tout autre chose, de passer par-dessus le but, de traverser le possible, et de voir encore au delà.

De là de grandes tristesses, une source intarissable de

mélancolie; de là le ridicule sublime de pleurer les malheurs qu'il n'a jamais eus. Les autres oiseaux s'en étonnent et lui demandent parfois ce qu'il a, ce qu'il regrette. Heureux, libre en sa forêt, il ne leur répond pas moins par ce que, dans son silence, chantait mon captif :

Lascia che io pianga!

SUITE DU ROSSIGNOL
H. GIACOMELLI del.
E. LAPLANTE Sc.

SUITE DU ROSSIGNOL

Les temps de silence ne sont pas stériles pour le rossignol : il se recueille et réfléchit; il couve les chants qu'il entendit ou qu'il essaya lui-même; il les modifie et les améliore avec un goût, un tact parfait. Aux fausses notes d'un maître ignorant, il substitue des variantes harmoniques, ingénieuses. L'air imparfait qu'on lui apprit, et qu'il n'avait pas répété, il le reproduit alors; mais vraiment sien, approprié à son génie et devenu une mélodie de rossignol.

« Ne vous découragez pas, dit un vieil et naïf auteur, si le jeune oiseau ne veut pas répéter votre leçon et continue à gazouiller ; bientôt il vous fera voir qu'il n'a pas perdu la mémoire des leçons reçues pendant l'automne et l'hiver, *temps propre à méditer, par la longueur des nuits ;* il les redira au printemps. »

Il est fort intéressant de suivre pendant l'hiver les pensées du rossignol dans la cage obscure, enveloppée de drap vert qui trompe un peu son regard et lui rappelle sa forêt. Dès décembre, il commence à rêver tout haut, à discourir, à décrire en notes émues ce qui se passe devant son esprit, les objets absents, aimés. Peut-être oublie-t-il alors qu'il n'a pas pu émigrer, et se croit-il arrivé en Afrique ou en Syrie, aux contrées d'un meilleur soleil. Peut-être il le voit, ce soleil; il voit refleurir la rose, il recommence pour elle, au dire des poëtes de la Perse, son hymne de l'impossible amour : *O soleil, ô mer, ô rose!...* (Rückert.)

Moi, je croirai simplement que ce chant noble et pathétique, d'un accent si élevé, n'est autre chose que lui-même, sa vie d'amour et de combat, son drame de rossignol. Il voit les bois, l'objet aimé qui les transfigure ; il voit sa vivacité tendre, et mille grâces de la vie ailée, que la nôtre ne peut percevoir. Il lui parle, elle lui répond ; il se charge de deux rôles, à la grande voix mâle et sonore, réplique par de doux petits cris. Quoi encore? Je ne fais nul doute que déjà ne lui apparaisse le ravissement de sa vie, la tendre intimité du nid, la pauvre petite maison qui aurait été son ciel... Il s'y croit, il ferme les yeux, complète cette illusion. L'œuf est éclos, le miracle de son Noël en est sorti, son fils, le futur rossignol, déjà grand et mélodieux; il écoute avec extase, dans la nuit de sa cage sombre, la future chanson de son fils.

Tout cela, bien entendu, dans une confusion poétique, où les obstacles, les combats, coupent et troublent la fête d'amour. Nul bonheur ici-bas n'est pur; un tiers survient; le captif tout seul s'anime et s'irrite; il lutte manifestement contre l'adversaire invisible, *l'autre*, l'indigne rival qui est présent à son esprit.

La scène se passe en lui, comme elle aurait lieu au printemps, quand les mâles reviennent, vers mars ou avril, avant le retour des femelles, décidés à régler entre eux leur grand duel de jalousie. Dès qu'elles sont revenues, tout doit être calme et tranquille, rien qu'amour, douceur et paix. Ce combat dure quinze jours; et si elles reviennent plus tôt, mortel est l'effort; l'histoire de Roland se réalise à la lettre : il sonna de son cor d'ivoire jusqu'à extinction de force et de vie. Eux aussi, ils chantent jusqu'au dernier souffle, à mort; ils veulent l'emporter ou mourir.

S'il est vrai, comme on assure, que les amants soient deux fois, trois fois plus nombreux que les amantes, on conçoit la violence de cette brûlante émulation; c'est là la première étincelle, peut-être, et le secret de leur génie.

Le sort du vaincu est affreux, pire que la mort. Il faut qu'il fuie, qu'il quitte le canton, le pays, qu'il aille se faire commensal des tribus d'oiseaux inférieurs, que du chant il tombe au patois, qu'il s'oublie et se dégrade, vulgarisé chez ce peuple vulgaire, peu à peu ne sachant plus ni sa langue ni la leur, nulle langue. On trouve parfois de ces exilés qui n'ont plus que figure de rossignol.

Le rival chassé, rien n'est fait. Il faut plaire, il faut la fléchir. Beau moment, douce inspiration du nouveau chant qui touchera ce petit cœur fier et sauvage, et lui fera pour l'amour abandonner la liberté! L'épreuve que, dans d'autres espèces, la femelle impose, c'est d'aider à creuser ou bâtir le nid, de montrer qu'on est habile, qu'on prendra la famille à cœur. L'effet est parfois admirable. Le pic, comme nous avons vu, d'ouvrier devient artiste, et de charpentier sculpteur. Mais, hélas! le rossignol n'a pas cette adresse, il ne sait rien faire. Le moindre des petits oiseaux est cent fois plus adroit que lui du bec, de l'aile et de la patte; il n'a que la voix, qu'il s'en serve: là va éclater sa puissance, là il sera irrésistible; d'autres pourront montrer leurs œuvres, mais son œuvre à lui, c'est lui-même: il se montre, il se révèle, il apparaît grand et sublime.

Je ne l'ai jamais entendu dans ce moment solennel sans

croire que non-seulement il devait la toucher au cœur, mais qu'il pouvait la transformer, l'ennoblir et l'élever, lui transmettre un haut idéal, mettre en elle le rêve enchanté d'un sublime rossignol qui naîtrait de leurs amours.

C'est son incubation à lui; il couve le génie de l'amante, la féconde de poésie, l'aide à se créer en pensée celui qu'elle va concevoir. Tout germe est une idée d'abord.

Résumons. Jusqu'ici, nous avons pu compter trois chants :

Le drame du chant de combat, avec ses alternatives de dépit, d'orgueil, de bravade, d'âpres et jalouses fureurs.

Le chant de sollicitation, de tendre et douce prière, mais mêlé de fiers mouvements d'impatience presque impérieuse, où visiblement le génie s'étonne d'être encore méconnu, s'irrite et gémit du retard, en revenant vite pourtant à la plainte respectueuse.

Enfin, vient le chant du triomphe : *Je suis vainqueur, je suis aimé, le roi, le Dieu, et le seul... Créateur...* Dans ce dernier mot est l'intensité de la vie et de l'amour; car c'est surtout elle qui crée, y mirant et réfléchissant son génie, et la transformant, de sorte qu'il n'y ait plus en elle un mouvement, un trouble, un frémissement d'aile qui ne soit sa mélodie à lui, devenue visible dans cette grâce enchantée.

De là le nid, l'œuf et l'enfant. Tout cela, c'est la chanson réalisée et vivante. Et voilà pourquoi il ne s'éloigne pas d'un moment pendant le travail sacré de l'incubation. Il ne se tient pas dans le nid, mais sur une branche voisine, un peu plus élevée. Il sait à mervellle que la voix agit bien plus à distance. De ce poste supérieur, le tout-puissant magicien continue de fasciner et de féconder le nid, il coopère au grand mystère, et du chant, du cœur, du souffle, de tendresse et de volonté, il engendre encore.

C'est alors qu'il faut l'entendre, l'entendre dans sa forêt, participer aux émotions de cette puissance fécondante, la plus propre à révéler peut-être, à faire saisir ici-bas le grand Dieu caché qui nous fuit. Il recule à chaque pas devant nous, et la science ne fait que mettre un peu plus loin le voile où il se dérobe. « Le voici, disait Moïse, qui passe, je l'ai vu par derrière. » — « N'est-ce pas lui, disait Linné, qui passe? je l'ai vu de profil. » Et moi, je ferme les yeux; je le sens d'un cœur ému, je le sens qui glisse en moi dans une nuit enchantée par la voix du rossignol.

Rapprochez-vous, c'est un amant; mais éloignez-vous, c'est un dieu. La mélodie, ici vibrante et d'un brûlant appel aux sens, là-bas grandit et s'amplifie par les effets de la brise; c'est un chant religieux qui emplit toute la forêt. De près, il s'agissait du nid, de l'amante, du fils qui doit naître; mais, de loin, autre est cette amante, autre est le fils; c'est la Nature, mère et fille, amante éternelle, qui se chante et se

célèbre ; c'est l'infini de l'amour qui aime en tous et chante en tous ; ce sont les attendrissements, les cantiques, les remercîments, qui s'échangent de la terre au ciel.

. . . .

« Enfant, j'avais senti cela dans nos campagnes du Midi, dans les belles nuits étoilées, près de la maison de mon père. Plus tard, je le sentis mieux, spécialement près de Nantes, dans ce verger solitaire dont on a parlé plus haut. Les nuits, moins étincelantes, étaient légèrement gazées d'une brume tiède, à travers laquelle les étoiles discrètement envoyaient de doux regards. Un rossignol nichait à terre, dans un lieu bien peu caché, sous mon cèdre, parmi des pervenches. Il commençait vers minuit et continuait jusqu'à l'aube, heureux, visiblement fier, de veiller seul, de remplir de sa voix ce grand silence. Personne ne l'interrompait, sauf, vers le matin, le coq, être d'un monde différent, étranger aux chants des esprits, mais exacte sentinelle, qui se sentait obligée, pour avertir le travailleur, de chanter l'heure en conscience.

« L'autre persistait quelque temps, semblant dire, comme Juliette à Roméo : « Non, ce n'est pas l'aube encore. »

« Son établissement près de nous montrait qu'il ne nous craignait guère, qu'il avait un sentiment de la sécurité profonde qu'il pouvait avoir à côté de deux ermites du travail, très-occupés, très-bienveillants, et, non moins que l'ermite ailé, pleins de leur chant et de leur rêve. Nous pouvions le voir à notre aise, ou voleter en famille, ou soutenir des duels de chant avec un orgueilleux voisin, qui parfois venait le braver. A la longue, nous lui devenions plutôt, je crois, agréables, comme auditeurs assidus, amateurs, connaisseurs peut-être. Le rossignol a besoin d'être apprécié, applaudi; il estime visiblement l'oreille attentive de l'homme, et comprend très-bien son admiration.

« Je le vois encore près de moi, à dix ou quinze pas au plus, sautillant et avançant à mesure que je marchais, observant la même distance, de manière à rester hors de portée, mais à même d'être entendu et admiré.

« Le costume qu'il vous voit n'est nullement indifférent. J'ai remarqué qu'en général les oiseaux n'aiment pas le noir, et qu'ils en ont peur. J'étais vêtue à sa guise, de blanc nuancé de lilas, avec un chapeau de paille orné de quelques bluets. Par minute, je le voyais fixer sur moi son œil noir, d'une vivacité singulière, farouche et doux, quelque peu fier, qui disait visiblement : « Je suis libre et « j'ai des ailes ; contre moi tu ne peux rien. Mais je veux « bien chanter pour toi. »

« Nous eûmes de très-grands orages au temps des couvées, et, dans l'un, la foudre tomba près de nous. Nulle scène plus émouvante que l'approche de ces moments : l'air manque ; les poissons remontent pour respirer quelque peu ; la fleur se courbe languissante : tout souffre, et les larmes viennent. Je voyais bien que lui aussi il était à l'unisson. De sa poitrine oppressée, autant que l'était la mienne, une sorte de rauque soupir s'arrachait comme un cri sauvage.

« Mais le vent, tout à coup levé, vint s'engouffrer dans nos bois ; les plus grands arbres pliaient, et le cèdre même. Des torrents fondirent, tout nagea. Que devint le pauvre nid, ouvert, à terre, sans abri que la feuille de pervenche ? Il échappa ; car je vis, avec le soleil reparu, dans l'air épuré, mon oiseau plus gai que jamais, qui volait, le cœur plein de chant. Tout le peuple ailé chantait la lumière, mais lui bien plus que les autres. Sa voix de clairon était revenue. Je le voyais sous mes fenêtres, l'œil en feu et le sein gonflé, s'enivrant du même bonheur qui faisait palpiter le mien.

« Douce alliance des âmes, comment n'est-elle pas partout, entre nous et nos frères ailés, entre l'homme et l'universalité de la nature vivante ? »

CONCLUSION

CONCLUSION

Au moment où j'allais écrire la conclusion de ce livre, notre illustre maître arrive de ses grandes chasses d'automne. Toussenel m'apporte un rossignol.

Je lui avais demandé de m'aider de ses conseils, de me guider dans le choix d'un rossignol chanteur. Il n'écrit pas, mais il vient; il ne conseille pas, il cherche, trouve, donne, réalise mon rêve... A coup sûr, voilà l'amitié.

Bienvenu sois-tu, oiseau, et pour la chère main qui t'apporte, et pour toi-même, pour ta muse sacrée, le génie qui réside en toi!

Voudrais-tu bien chanter pour moi, et, par ta puissance d'amour et de paix, harmoniser un cœur troublé de la cruelle histoire des hommes?

Ce fut un événement de famille, et nous établîmes le pauvre artiste prisonnier dans une embrasure de fenêtre, mais enveloppé d'un rideau : de sorte que, tout à la fois seul et en société, il s'habituât tout doucement à ses nouveaux hôtes, reconnût les lieux, vît bien qu'il était dans une maison sûre, bienveillante et pacifique.

Nul autre oiseau dans ce salon. Malheureusement, mon rouge-gorge familier, qui vole libre dans mon cabinet, pénétra dans cette pièce. On s'en inquiéta d'autant moins qu'il voit toute la journée, sans s'en émouvoir, d'autres oiseaux, serins, bouvreuils, chardonnerets; mais la vue du rossignol le jeta dans un incroyable accès de fureur. Colérique et intrépide, sans regarder si l'objet de sa haine n'est pas deux fois plus gros que lui, il fond sur la cage du bec et des griffes, il eût voulu l'assassiner. Cependant le rossignol poussait des cris de terreur, d'une voix lamentable et rauque il appelait au secours. L'autre, arrêté par les barreaux, mais fixé des griffes tout près sur le cadre d'un tableau, grinçait, sifflait, *petillait* (ce mot populaire rend seul l'âcre petit cri), en le perçant de son regard. Il disait ceci mot à mot :

« Roi du chant, que viens-tu faire ?... N'est-ce pas assez que dans les bois ta voix, impérieuse et absorbante, fasse taire toutes nos chansons, supprime nos airs à demi-voix, et seule emplisse le désert?... Tu viens encore me prendre ici cette nouvelle existence que je me suis faite, ce bocage artificiel où je perche tout l'hiver, bocage dont les rameaux sont des planches de bibliothèque, dont les livres sont les feuilles!... Tu viens partager, usurper l'attention dont j'étais l'objet, la rêverie de mon maître et le sourire de ma maîtresse!... Malheur à moi! j'étais aimé! »

Le rouge-gorge, en réalité, arrive à un haut degré d'intimité avec l'homme. L'habitude d'un long hiver me prouve qu'il préfère de beaucoup la société humaine à celle de son espèce. Il participe en notre absence au petit bavardage des oiseaux de volière; mais dès que nous arrivons, il les quitte, et curieusement vient se placer devant nous, reste avec nous, semble dire : « Vous voilà donc! Mais où avez-vous été?... Et pourquoi donc si longtemps délaissez-vous la maison? »

L'invasion du rouge-gorge, que nous oubliâmes bientôt, n'était pas oubliée, ce semble, de sa craintive victime. Le malheureux rossignol voletait toujours d'un air d'effroi, et rien ne le rassurait.

On avait soin cependant que personne n'en approchât. Sa maîtresse avait pris sur elle les soins nécessaires. La mixture particulière qui peut seule alimenter ce brûlant foyer de vie (le sang, le chanvre et le pavot) fut faite consciencieusement. Sang et chair, c'est la substance ; le chanvre est l'herbe de l'ivresse ; mais le pavot la neutralise. Le rossignol est le seul être à qui il faille incessamment verser le sommeil et les songes.

Mais tout cela était inutile. Deux ou trois jours se passèrent dans une violente agitation et une abstinence de désespoir. J'étais triste et plein de remords. Moi, ami de la liberté, j'avais pourtant un prisonnier, un prisonnier inconsolable !... Ce n'était pas sans scrupule que j'avais eu l'idée d'avoir à moi un rossignol ; jamais, pour le simple plaisir, je ne m'y serais décidé. Je savais bien que la vue seule d'un tel captif, profondément sensible à la captivité, était un sujet permanent de mélancolie. Mais comment le délivrer ? La question de l'esclavage est de toutes la plus difficile, le tyran en est puni par l'impossibilité d'y porter remède. Mon captif, qui, avant de venir chez moi, avait déjà deux ans de cage, n'a plus l'aile, ni l'industrie de chercher sa nourriture ; l'eût-il, il ne pourrait plus revenir chez les oiseaux libres. Dans leur fière république, quiconque a été esclave, quiconque a été en cage et n'est pas mort de douleur, est impitoyablement condamné et exécuté.

Nous ne serions pas sortis aisément de cet état, si le chant n'était venu à notre secours. Un chant doux, peu varié, chanté à distance, surtout un peu avant le soir, parut le prendre et le gagner. Quand seulement on le regardait, il écoutait moins, s'agitait; mais quand on ne regardait pas, il venait au bord de la cage, tendait son long cou de biche (d'un charmant gris de souris), dressait par moments la tête, le corps restant immobile, avec un œil vif, curieux. Visiblement avide, il dégustait, savourait cette douceur inattendue avec recueillement, avec une attention délicate et sentie.

Cette même avidité, il l'eut un moment après pour les aliments. Il voulut vivre, dévora le pavot, l'oubli...

Les chants de femme, Toussenel l'avait dit, sont ce qui les attache le plus, non pas l'ariette légère d'une fillette étourdie, mais une mélodie douce et triste. La *sérénade* de Schubert a particulièrement effet sur celui-ci. Il semble s'être senti et reconnu dans cette âme allemande aussi tendre que profonde.

La voix cependant ne lui revient pas. Il avait commencé son chant de décembre, quand il a été transporté ici. Les émotions du transport, le changement de lieu, de personne, l'inquiétude où il a été de sa nouvelle condition, surtout le salut féroce, l'attentat du rouge-gorge, l'ont trop profondément ému. Il se calme, ne nous en veut plus; mais la muse, si violemment interrompue, se tait encore; elle ne s'éveillera qu'au printemps.

Maintenant il sait certainement que la personne qui chante est loin de lui vouloir du mal; il l'accepte, apparemment, comme un rossignol d'autre forme. Elle peut sans difficulté approcher, et même mettre la main dans la cage. Il regarde attentivement ce qu'elle veut, mais ne remue pas.

La question curieuse pour moi, qui n'ai pas fait avec lui d'alliance musicale, était de savoir s'il m'accepterait aussi. Je ne montrai nul empressement indiscret, sachant que le regard seul, dans certains moments, le trouble. Je restais donc de longs jours attentifs sur les vieux livres ou papiers du XIVe siècle, sans le regarder. Mais lui, il me regardait très-curieusement lorsque j'étais seul. Bien éntendu que, sa maîtresse présente, il m'oubliait entièrement, j'étais annulé.

Il s'habituait ainsi à me voir sans inquiétude, comme un être inoffensif, pacifique, de peu de mouvement et de peu de bruit. Le feu dans l'âtre, et, près du feu, ce lecteur paisible, c'étaient, dans les absences de la personne préférée, dans les heures silencieuses, quasi solitaires, l'objet de sa contemplation.

Je me hasardai hier, étant seul, d'approcher de lui, de lui parler comme je fais au rouge-gorge, et il ne s'agita pas, il ne parut pas troublé; il attendit paisiblement, avec un œil plein de douceur. Je vis que la paix était faite, et que j'étais accepté.

Ce matin, j'ai de ma main mis le pavot dans la cage, et il ne s'est point effrayé. On dira : « Qui donne est le bienvenu. » Mais je tiens à constater que notre traité est d'hier, avant que j'eusse donné rien encore, et parfaitement désintéressé.

Voilà donc qu'en moins d'un mois, le plus nerveux des artistes, le plus craintif et le plus défiant des êtres, s'est réconcilié avec l'espèce humaine.

Preuve curieuse de l'union naturelle, du traité préexistant qui est entre nous et ces êtres instinctifs, que nous appelons inférieurs.

Ce traité, ce pacte éternel, que notre brutalité, nos intelligences violentes n'ont pas pu déchirer encore, auquel ces pauvres petits reviennent si facilement, auquel nous reviendrons nous-mêmes, lorsque nous serons vraiment hommes, c'est justement la conclusion où tout ce livre tendait et celle que j'allais écrire, quand le rossignol est entré, et le père au rossignol.

L'oiseau a été lui-même, dans cette amnistie facile qu'il nous donne à nous, ses tyrans, ma conclusion vivante.

Les voyageurs qui les premiers ont abordé dans des pays nouveaux où l'homme n'était jamais venu rapportent unanimement que tous les animaux, mammifères, amphibies, oiseaux, ne fuyaient point, au contraire, venaient plutôt les regarder avec un air de curiosité bienveillante, à quoi ils répondaient à coups de fusil.

Même aujourd'hui que l'homme les a si cruellement traités, les animaux, dans leurs périls, n'hésitent nullement à se rapprocher de lui.

L'ennemi antique et naturel de l'oiseau, c'est le serpent; pour les quadrupèdes, c'est le tigre. Et leur protecteur, c'est l'homme.

Du plus loin que le chien sauvage odore le tigre ou le lion, il vient se serrer près de nous.

De même l'oiseau, dans l'horreur que lui inspire le serpent, quand il menace surtout sa couvée encore sans ailes, trouve le langage le plus expressif pour implorer l'homme et pour le remercier s'il tue son ennemi.

Voilà pourquoi le colibri aime à nicher près de l'homme. Et c'est probablement pour le même motif que les hirondelles et les cigognes, dans les âges féconds en reptiles, ont pris l'habitude de loger chez nous.

Observation essentielle. On prend souvent pour défiance la fuite de l'oiseau et la crainte qu'il a de la main de l'homme. Cette crainte ne serait que trop juste. Mais lors même qu'elle n'existe pas, l'oiseau est un être infiniment nerveux, délicat, qui souffre à être touché.

Mon rouge-gorge, qui appartient à une espèce d'oiseaux très-robuste et très-familière, qui approche sans cesse de nous, le plus près qu'il peut, et qui certes n'a aucune crainte de sa maîtresse, frémit de tomber sous la main. Le frôlement de ses plumes, le dérangement de son duvet, tout hérissé quand on l'a pris, lui est très-antipathique. La vue surtout de cette main qui avance et va le saisir le fait reculer instinctivement et sans qu'il en soit le maître.

Quand il s'attarde le soir, qu'il ne rentre pas dans sa cage, il ne refuse pas d'y être remis ; mais plutôt que de se voir prendre, il tourne le dos, se cache dans un rideau ou dans un pli de la robe où il sait bien qu'on va le prendre infailliblement.

Tout cela n'est pas défiance.

L'art de la domestication n'irait pas loin s'il n'était préoccupé que des utilités dont les animaux apprivoisés seront à l'homme.

Il doit sortir principalement de la considération de l'utilité dont l'homme peut être aux animaux ;

De son devoir d'initier tous les hôtes de ce globe à une société plus douce, pacifique et supérieure.

Dans la barbarie où nous sommes encore, nous ne connaissons guère que deux états pour l'animal, la liberté absolue ou l'esclavage absolu; mais il est des formes très-variées de demi-servage que les animaux d'eux-mêmes acceptent très-volontiers.

Le petit faucon du Chili (*cernicula*), par exemple, aime à demeurer chez son maître. Il va tout seul à la chasse, et, fidèle, revient chaque soir rapporter ce qu'il a pris et le manger en famille. Il a besoin d'être loué du père, flatté de la dame, caressé surtout des enfants.

L'homme, protégé jadis par les animaux, tant qu'il était si mal armé, s'est mis peu à peu en état de devenir leur protecteur, surtout depuis qu'il a la poudre et qu'il foudroie à distance les plus redoutés des êtres. Il a rendu aux oiseaux le service essentiel de diminuer infiniment le nombre des brigands de l'air.

Il peut leur en rendre un autre, non moins grand, celui d'abriter, la nuit, les espèces innocentes. La nuit! le sommeil! l'abandon complet aux chances les plus affreuses! O dureté de la Nature!... Mais elle est justifiée en mettant aussi ici-bas l'être prévoyant et industrieux qui, de plus en plus, sera pour les autres une seconde providence.

« Je sais une maison sur l'Indre, dit Toussenel, où les serres, ouvertes le soir, reçoivent tout honnête oiseau qui vient y chercher asile contre les dangers de la nuit, où celui qui s'est attardé frappe du bec en confiance. Contents d'être enfermés la nuit, sûrs de la loyauté de l'homme, ils s'envolent heureux au matin, et payent son hospitalité du spectacle de leur joie et de leurs libres chansons. »

Je me garderai bien de parler de la domestication, lorsque mon ami, M. Isidore Geoffroy Saint-Hilaire, rouvre d'une manière si louable cette voie si longtemps oubliée.

Un rapprochement suffit. L'antiquité nous a légué en ce genre le patrimoine admirable dont a vécu le genre humain : la domestication du chien, du cheval et de l'âne, du chameau, de l'éléphant, du bœuf, du mouton et de la chèvre, des gallinacées.

Quel progrès dans les deux mille ans qui viennent de s'écouler? quelle acquisition nouvelle?

Deux seulement, et légères à coup sûr : l'importation du dindon et du faisan de la Chine!

Nul effort direct de l'homme n'a agi pour le bien du globe autant que l'humble travail des modestes auxiliaires de la vie humaine.

Pour descendre à ce qu'on méprise si sottement, à la basse-cour, quand on voit les milliards d'œufs que font éclore les fours d'Égypte, ou dont notre Normandie charge des vaisseaux, des flottes, qui chaque année passent la Manche, on apprend à apprécier comment les petits moyens de l'économie domestique produisent les plus grands résultats.

Si la France n'avait pas le cheval, et que quelqu'un le lui donnât, une telle conquête serait pour elle plus que la conquête du Rhin, de la Belgique, de la Savoie; le cheval seul vaut trois royaumes.

Maintenant voici un animal qui représente à lui seul le cheval, l'âne, la vache, la chèvre, qui a toutes leurs utilités, et qui donne par-dessus une incomparable laine; animal dur et robuste, qui supporte le froid à merveille. On entend bien que je parle du lama, que M. Isidore Geoffroy Saint-Hilaire s'efforce d'introduire ici avec une si louable persévérance. Tout semble se liguer à l'encontre : le beau troupeau de Versailles a péri par la malveillance; celui du Jardin des Plantes périra par l'étroitesse du local et par l'humidité.

La conquête du lama est dix fois plus importante que la conquête de Crimée.

Mais, encore une fois, il faut à ce genre de transplantation une générosité de moyens, un ensemble de précautions, disons-le, une tendresse d'éducation, qui se trouvent réunies rarement.

Un mot ici, un petit fait, dont la portée n'est pas petite.

Un grand écrivain, qui ne fut point un savant, Bernardin de Saint-Pierre, avait dit qu'on ne réussirait pas à transplanter l'animal, si on n'importait à côté de lui le végétal auquel il est particulièrement sympathique. Ce mot passa comme tant d'autres vues qui font sourire les savants, et qu'ils appellent *poésie*.

Mais il n'a pas passé en vain pour un amateur éclairé qui s'est fait ici, à Paris, une collection d'oiseaux vivants. Quelque soin qu'il prît, une perruche fort rare, qu'il avait acquise, restait obstinément stérile. Il s'informa du végétal dans lequel elle fait son nid, et donna commission au Havre pour qu'il lui fût apporté. Il ne put l'avoir vivant; il l'eut sans feuille, sans branche; un simple tronc mort. N'importe, l'oiseau, dans ce tronc creux, retrouva sa place ordinaire, ne manqua pas d'y faire son nid. Il aima et prit famille; il eut des œufs, il les couva, et maintenant il a des petits.

Recréer les circonstances d'habitation, de nourriture, l'entourage végétal, les harmonies de toute espèce, qui pourront tromper l'exilé et faire oublier la patrie, c'est chose non-seulement de science, mais d'ingénieuse invention.

Déterminer la mesure de liberté, de servage, d'alliance et de collaboration avec nous, dont chaque être est susceptible, c'est un des plus graves sujets qui puissent occuper.

Art nouveau, où l'on ne pénétrera pas sans un approfondissement moral, un affinement, une délicatesse d'appréciation qui commence à peine, et qui n'existera peut-être que quand la femme entrera dans la science, dont elle est exclue jusqu'ici.

Cet art suppose une tendresse infinie dans la justice et la sagesse.

ECLAIRCISSEMENTS

ÉCLAIRCISSEMENTS

Le principal éclaircissement pour un livre est incontestablement la formule qui le résume. La voici en peu de mots :

Ce livre a considéré l'oiseau *en lui-même*, et peu par rapport à l'homme.

L'oiseau, né plus bas que l'homme (ovipare comme le reptile), a sur l'homme trois avantages qui sont sa mission spéciale :

I. *L'aile, le vol*, puissance unique, qui est le rêve de l'homme. Toute autre créature est lente. Près du faucon, de l'hirondelle, le cheval arabe est un limaçon.

II. Le vol même ne tient pas seulement à l'aile, mais à une puissance incomparable de *respiration et de vision*. L'oiseau est proprement le fils de l'air et de la lumière.

III. Être essentiellement électrique, l'oiseau voit, sait et prévoit la terre et le ciel, les temps, les saisons. Soit par un rapport intime avec le globe, soit par une prodigieuse mémoire des localités, des routes, il est toujours orienté et toujours sait son chemin.

Il plane, il pénètre, il atteint ce que n'atteindrait jamais l'homme. Cela est sensible, surtout dans sa merveilleuse guerre contre le reptile et l'insecte.

Ajoutez le travail immense d'épuration continuelle que font certaines espèces de toute chose dangereuse, immonde. Si cette guerre et ce travail cessaient un seul jour, l'homme disparaîtrait de la terre.

Cette victoire de chaque jour du fils aimé de la lumière sur la mort, sur la vie meurtrière et ténébreuse, c'est le juste sujet du *chant*, de cet hymne de joie immense dont l'oiseau salue chaque aurore.

Mais avec le chant l'oiseau a beaucoup d'autres langages. Comme l'homme, il jase, prononce, dialogue. Il est avec nous le seul être qui ait vraiment une langue. L'homme et l'oiseau sont le verbe du monde.

L'oiseau, qui est un augure, se rapproche toujours de l'homme, qui toujours lui fait du mal. Il le devine et le pressent tel sans doute qu'il sera un jour, quand il sortira de la barbarie où nous le voyons encore.

Il reconnaît en lui la créature unique, sanctifiée et

bénie, qui doit être l'arbitre de toutes, qui doit accomplir le destin de ce globe par un suprême bienfait : *le ralliement de toute vie et la conciliation des êtres.*

Ce ralliement pacifique doit s'opérer à la longue par un grand art d'éducation et d'initiation, que l'homme commence à entrevoir.

Page 5. *Éducation du vol,* et page 26. — Est-ce à tort que l'homme, en ses rêveries, pour se faire croire à lui-même qu'il sera plus qu'homme un jour, s'attribue des ailes? rêve ou pressentiment, n'importe.

Il est sûr que le vol, tel que le possède l'oiseau, est vraiment un *sixième sens.* Il serait stupide de n'y voir qu'une dépendance du tact. (Voy., entre autres ouvrages, Huber, *Vol des oiseaux de proie,* 1784.)

L'aile n'est si rapide et si infaillible que parce qu'elle est aidée d'une puissance visuelle qui ne se retrouve non plus dans toute la création.

L'oiseau, il faut en convenir, est tout dans l'air, dans la lumière. S'il est une vie sublime, une vie de feu, c'est celle-là.

Qui embrasse et perçoit toute la terre? Qui la mesure

du regard et de l'aile? Qui en sait toutes les routes? et non pas sur ligne tracée, mais à la fois dans tous les sens : car qui n'est route pour l'oiseau?

Ses rapports avec la chaleur, l'électricité et le magnétisme, toutes les forces impondérables, nous sont à peine connus; on les entrevoit pourtant dans sa singulière prescience météorologique.

Si nous l'avions sérieusement étudié, nous aurions eu le ballon depuis des milliers d'années; mais avec le ballon même, et le ballon *dirigé*, nous serons encore énormément loin d'être oiseaux. En imiter les appareils et les reproduire un à un, ce n'est nullement en avoir l'accord, l'ensemble, l'unité d'action, qui meut le tout dans cette aisance et cette vélocité terrible.

Renonçons, pour cette vie du moins, à ces dons supérieurs, et bornons-nous à regarder les deux machines, la nôtre et la sienne, en ce qu'elles ont de moins différent.

Celle de l'homme est supérieure, en ce qu'elle est moins spéciale, susceptible de se plier à des emplois plus divers, et surtout en ce qu'elle a l'omnipuissance de la main.

En revanche, elle est bien moins unifiée et centralisée. Nos membres inférieurs, cuisses et jambes, qui sont fort longs, traînent excentriques loin du foyer de l'action. La circulation y est plus lente : chose sensible aux dernières heures, où l'homme est mort des pieds longtemps avant que le cœur ait cessé de battre.

L'oiseau, presque tout sphérique, est certainement le sommet, sublime et divin, de centralisation vivante. On ne peut ni voir, ni imaginer même un plus haut degré d'unité. Excès de concentration qui fait la grande force personnelle de l'oiseau, mais qui implique son extrême individualité, son isolement, sa faiblesse sociale.

La solidarité profonde, merveilleuse, qui existe dans les insectes supérieurs (abeilles, fourmis, etc.), ne se trouve point chez les oiseaux. Les bandes y sont communes, mais les vraies républiques, rares.

La famille y est très-forte, la maternité, l'amour. La fraternité, la sympathie d'espèces, les secours mutuels entre oiseaux même d'espèces diverses, ne leur sont pas inconnus. Pourtant, la fraternité y est fort en seconde ligne. Le cœur tout entier de l'oiseau est dans l'amour, est dans le nid.

Là est son isolement, sa faiblesse et sa dépendance; là aussi la tentation de se créer un protecteur.

Le plus sublime des êtres n'en est pas moins un de ceux qui demandent le plus de protection.

Page 8. *Sur la vie de l'oiseau dans l'œuf.* — Je tire ces détails du très-exact M. Duvernoy. L'ovologie, de nos jours, est devenue une science. Cependant, sur l'œuf de l'oiseau en particulier, je ne connais que peu d'ouvrages. Le plus ancien est d'un abbé Manesse, du dernier siècle, très-verbeux et peu instructif (manuscrit de la bibliothèque du Muséum). La même bibliothèque possède l'ouvrage allemand de Wirfing et Gunther, sur les nids et les œufs, et un autre, allemand aussi, dont les planches me semblent meilleures, quoique défectueuses encore. J'ai vu une livraison d'une nouvelle collection de gravures, beaucoup plus soignée.

Page 14. *Mers gélatineuses, nourrissantes.* — M. de Humboldt, dans l'un de ses premiers ouvrages (*Scènes des Tropiques*), a le premier, je crois, constaté ce fait. Il l'attribue à la prodigieuse quantité de méduses et autres êtres analogues qui sont en décomposition dans ces eaux. Si pourtant une telle dissolution cadavéreuse y dominait, ne rendrait-elle pas les eaux funestes au poisson, bien loin de le nourrir? Peut-être ce phénomène doit-il être attribué moins aux vies

éteintes qu'aux vies commencées, à une première fermentation vivante où se forment les premières organisations microscopiques.

C'est particulièrement dans les mers des pôles, en apparence si sauvages et si désolées, qu'on observe ce caractère. La vie y surabonde tellement que la couleur des eaux en est entièrement changée. Elles sont vert-olive foncé, épaisses de matière vivante et de nourriture.

Page 34. *Notre Muséum.* — En parlant de ses collections, je ne puis oublier sa précieuse bibliothèque, qui a reçu celle de Cuvier, et qui s'est enrichie des dons de tous les savants de l'Europe. J'ai eu infiniment à me louer de l'obligeance du conservateur, M. Desnoyers, et de M. le docteur Lemercier, qui a bien voulu me communiquer aussi nombre de brochures et mémoires curieux de sa collection personnelle.

Page 38. *Buffon.* — Je trouve qu'aujourd'hui on oublie trop que ce grand généralisateur n'en a pas moins reçu, enregistré nombre d'observations très-exactes, que lui transmettaient des hommes spéciaux, officiers de vénerie, gardes-chasse, marins, et gens de tous métiers.

Page 40. *Le pingouin.* — Frère du manchot, mais plus dégrossi, il porte ses ailes comme un véritable oiseau; ce ne sont plus des membranes flottantes sur une poitrine évidée. L'air plus raréfié de notre pôle boréal, où il vit, a déjà dilaté ses poumons, et le sternum veut faire saillie. Les jambes, plus dégagées du corps, gardent mieux l'équilibre, et le port gagne en assurance. Il y a une différence notable entre les produits analogues des deux hémisphères.

Page 47. *Le pétrel, effroi du marin.* — La légende du pétrel marchant sur les eaux, autour du vaisseau qu'il

semble mener à la perdition, est originairement hollandaise. Cela devait être ainsi. Les Hollandais, qui naviguent en famille et emmènent leurs femmes, leurs enfants, jusqu'aux animaux domestiques, ont été plus impressionnés du sinistre présage que les autres navigateurs. Les plus hardis de tous peut-être, vrais amphibies, ils n'en ont pas moins été soucieux et imaginatifs, ne risquant pas seulement leurs corps, mais leurs affections, livrant aux hasards fantasques de la mer le cher foyer, un monde de tendresse. Ce gros petit bateau lourd, qui est plutôt une maison flottante, va pourtant toujours roulant à travers les mers du Nord, le grand océan boréal et la sauvage Baltique, faisant sans cesse les traversées les plus dangereuses, comme celle d'Amsterdam à Cronstadt. On rit de ces mauvaises embarcations d'une forme surannée; mais celui qui les sent si heureusement combinées pour le double aménagement de la cargaison et de la famille ne peut les voir dans les ports de Hollande sans s'y intéresser et sans les combler de vœux.

Page 59. *Épiornis*. — Voir au Muséum les restes de ce gigantesque oiseau et son œuf énorme. On a calculé qu'il

devait être cinq fois plus gros que l'autruche. Combien il est regrettable que notre riche collection de fossiles reste enterrée, en majeure partie, dans les tiroirs du Muséum, faute de place. Pour trente ou quarante mille francs on élèverait une galerie de bois où l'on pourrait tout étaler.

En attendant, on raisonne comme si ces vastes études, qui commencent, étaient déjà épuisées. Qui ne sait que l'homme a à peine vu l'entrée du prodigieux monde des morts! Il a gratté à peine la surface du globe. L'exploration plus profonde où le conduisent mille nécessités nouvelles d'art et d'industrie (celle par exemple de percer les Alpes pour le nouveau chemin de fer) pourra ouvrir à la science des perspectives inattendues. La paléontologie est bâtie jusqu'ici sur la base étroite d'un nombre minime de faits. Si l'on songe que les morts (de tant de milliers d'années que ce globe a déjà vécu) sont énormément plus nombreux que les vivants, on trouve bien audacieuse cette manière de raisonner sur quelques spécimens. Il y a cent mille à parier contre un, que tant de millions de morts, une fois déterrés, nous convaincront d'avoir erré au moins par *énumération incomplète.*

Page 60. *L'homme eût péri cent fois.* — C'est là une des causes premières de l'étroite fédération où furent originairement l'homme et l'animal, pacte oublié par notre orgueil ingrat, et sans lequel pourtant l'homme n'était pas possible.

Quand les oiseaux gigantesques dont nous voyons les débris lui eurent préparé le globe, subordonné la vie grouillante et rampante qui dominait; quand l'homme arriva sur la terre, en face de ce qui restait des reptiles, en face des nouveaux hôtes du globe, non moins redoutables, les tigres et les lions, il trouva l'oiseau, le chien, l'éléphant à côté de lui.

On montra à Alexandre les rares et derniers individus de ces chiens géants, qui pouvaient étrangler un lion. Ce ne fut pas par terreur que ces animaux formidables se mirent avec l'homme, mais par sympathie naturelle, et par l'horreur très-spéciale qu'ils ont pour l'espèce féline, pour le chat géant (tigre ou lion).

Sans l'alliance du chien contre les bêtes féroces, et celle de l'oiseau contre les serpents et les crocodiles (que l'oiseau tue dans l'œuf même), l'homme à coup sûr était perdu.

L'utile amitié du cheval lui vint de même. On la devine à l'horreur inexprimable et convulsive que tout jeune cheval éprouve à la seule odeur du lion; il se serre et se livre à l'homme.

S'il n'avait eu le cheval, le bœuf, le chameau, s'il eût

tiré de son cou et de son échine les fardeaux énormes dont ils lui sauvent la charge, il serait resté le serf misérable de sa faible organisation. Dominé par la disproportion habituelle des poids et des forces, ou il aurait renoncé au travail, eût vécu de proie fortuite, sans art ni progrès, ou bien il aurait été l'éternel portefaix, courbé, traînant et tirant, tête basse, sans regarder le ciel, sans penser, sans s'élever jamais à l'invention.

Page 79. *Sur la puissance des insectes.* — Ce n'est pas seulement sous les tropiques qu'ils sont redoutables. Au commencement du dernier siècle, la moitié de la Hollande faillit périr parce que les pilotis de ses digues s'étaient rompus à la fois, invisiblement minés par un ver qu'on nomme *taret*.

Ce redoutable rongeur, qui a souvent un pied de long, ne se trahit nullement ; il ne travaille qu'au dedans. Un matin, la poutre se brise, le pilotis cède, le navire dévoré sombre dans les flots.

Comment l'atteindre et le trouver? Un oiseau le sait, le vanneau : c'est le gardien de la Hollande! Et c'est aussi une insigne imprudence de détruire, comme on le fait, ses œufs. (Quatrefages, *Souvenirs d'un naturaliste.*)

La France, depuis près d'un siècle, a subi l'importation d'un monstre non moins à craindre, le *termite*, qui dévore le bois sec, comme le taret le bois mouillé. L'unique femelle de chaque essaim a l'horrible fécondité de pondre, par jour, 80,000 œufs. La Rochelle commence à craindre le sort de cette ville d'Amérique qui est suspendue en l'air, les termites ayant dévoré toutes les substructions et creusé dessous d'immenses catacombes.

A la Guyane, les demeures des termites sont d'énormes monticules de quinze pieds de haut, qu'on n'ose attaquer que de loin et avec la poudre. Qu'on juge de l'importance du fourmilier (ailé ou à quatre pattes) qui ose entrer dans ce gouffre et chercher l'horrible femelle d'où sort ce torrent maudit. (Smeathmann, *Mémoire sur les termites*.)

Le climat nous sauve-t-il? Les termites prospèrent en France. Le hanneton y prospère; jusque sur les pentes septentrionales des Alpes, sous le souffle des glaciers, il dévore la végétation. En présence d'un tel ennemi, tout oiseau insectivore devrait être respecté; tout au moins le canton de Vaud vient-il de mettre l'hirondelle sous la protection de la loi. (Voy. l'ouvrage de Tschudi.)

Page 81. *Vous y sentez fréquemment une forte odeur de musc.* — La plaine de Cumana, dit M. de Humboldt, présente, après de fortes ondées, un phénomène extraordinaire. La terre, humectée et réchauffée par les rayons du soleil, répand cette odeur de musc qui, sous la zone torride, est commune à des animaux de classes très-différentes, au jaguar, aux petites espèces de chat-tigre, au cabiaï, au vautour galinazo, au crocodile, aux vipères, au serpent à sonnettes. Les émanations gazeuses qui sont les véhicules de cet arome ne semblent se dégager qu'à mesure que le terreau renfermant les dépouilles d'une innombrable quantité de reptiles, de vers et d'insectes, commence à s'imprégner d'eau. Partout où l'on remue le sol, on est frappé de la masse de substances organiques qui tour à tour se développent, se transforment ou se décomposent. La nature, dans ces climats, paraît plus active, plus féconde, on dirait plus prodigue de la vie.

Page 83, 84. *Oiseaux-mouches et colibris*, etc. — Les éminents naturalistes (Lesson, Azara, Stedmann, etc.) qui nous ont donné tant de descriptions excellentes ne sont pas malheureusement aussi riches en détails sur leurs mœurs, leurs caractères, leur nourriture, etc.

Quant à la terrible insalubrité des lieux où ils vivent (et d'une vie si intense), les récits des vieux voyageurs, des Labat et autres, sont pleinement confirmés par les modernes. MM. Durville et Lesson, dans leur voyage à la Nouvelle-Guinée, ont à peine osé passer le seuil de ses profondes forêts vierges, d'une beauté étrange et terrible.

Le côté le plus fantastique de ces forêts, leur prodigieuse féerie d'illumination nocturne par des milliards de mouches brillantes, est attesté et très-bien décrit, pour les contrées voisines de Panama, par un voyageur français, M. Caqueray, qui les a visitées récemment. (Voy. son journal dans la nouvelle *Revue française*, 10 juin 1855.)

Page 107. *La suppression de la douleur.* — Celle de la mort est sans doute impossible, mais on pourra allonger la vie. On pourra, à la longue, rendre rare, moins cruelle, et presque *supprimer la douleur.*

Que le vieux monde endurci rie de ce mot, à la bonne heure! Nous avons eu ce spectacle qu'aux jours où notre

Europe, barbarisée par la guerre, mit toute la médecine dans la chirurgie, ne sut guérir que par le fer, par une horrible prodigalité de douleurs, la jeune Amérique trouva le miracle de ce profond rêve où la douleur est annulée.

Page 104. *Précieux musée d'imitations anatomiques*, celui de M. le docteur Auzoux. — Je ne puis trop remercier, à cette occasion, notre cher et habile professeur, qui daigne nous initier, nous autres ignorants, gens de lettres, gens du monde et femmes. Il a voulu que l'anatomie descendît à tous, devînt populaire, et cela s'est fait. Ses imitations admirables, ses lucides démonstrations, accomplissent peu à peu cette grande révolution dont on sent déjà la portée. Oserai-je dire ma pensée aux savants? Eux-mêmes auraient avantage à avoir toujours sous la main ces objets d'étude sous une forme si commode et dans des proportions grossies, qui diminuent tellement la fatigue d'attention. Mille objets, qu'on croit différents parce qu'ils diffèrent de grosseur, reparaissent analogues et dans leurs vrais rapports de forme, par le simple grossissement.

L'Amérique paraît du reste sentir ces avantages beaucoup mieux que nous. Un spéculateur américain eût voulu que M. Auzoux lui fournît par an deux mille exemplaires de sa figure de l'homme, étant sûr de la placer dans toutes les petites villes, et même dans les villages. Tel village d'Amérique, dit M. Ampère, travaille à avoir un petit Muséum, un Observatoire, etc.

Page 109. *Aplatissement du cerveau.* — Le poids du cerveau est, relativement au poids du corps, pour :

Autruche	1 : 1200
Oie	1 : 360
Canard	1 : 257
Aigle	1 : 160
Pluvier	1 : 122
Faucon	1 : 102
Perroquet	1 : 45
Rouge-gorge	1 : 32
Geai	1 : 28
Pinson, coq, moineau, chardonneret	1 : 25
Mésange nonette	1 : 16
Mésange à tête bleue	1 : 12

(*Calcul d'Haller et de Leuret.*)

Je dois cette note à l'obligeance de notre illustre micrographe et anatomiste, M. Robin.

Page 109. *Le noble faucon.* — Les oiseaux *nobles* (faucon, gerfaut, sacre, etc.) sont ceux qui *lient* la proie de la *main* et tuent du bec; leur bec, à cet effet, est dentelé. Ils sont rameurs. Les oiseaux *ignobles* (l'aigle, le milan, etc.) sont la plupart voiliers; ils agissent des griffes, déchirent et étouffent la proie. Les rameurs ont peine à monter, ce qui fait que les voiliers leur échappent plus aisément. La tactique des rameurs est de faire préalablement l'effort de monter très-haut; alors, n'ayant qu'à se laisser tomber, ils déjouent la manœuvre des voiliers. (Huber, *Vol des oiseaux de proie*, 1784, in-4. C'est le premier de cette savante dynastie : Huber des oiseaux, Huber des abeilles, Huber des fourmis.)

Page 108. *Le balancement utile de la vie et de la mort.* — De nombreuses espèces d'oiseaux ne font plus de halte en France. On les voit à peine voler à d'inaccessibles hauteurs, déployant leurs ailes en hâte, accélérant le passage, disant : « Passons! passons vite! Évitons la terre de mort, la terre de destruction! »

La Provence, et bien d'autres pays du Midi, sont ras, déserts, inhabités de toutes tribus vivantes; et d'autant la nature végétale en est appauvrie. On ne rompt pas impunément les harmonies naturelles. L'oiseau lève un droit sur la plante, mais il en est le protecteur.

Il est de notoriété que l'outarde a presque disparu de la Champagne et de la Provence. Le héron a passé, la cigogne est rare. A mesure que nous empiétons sur le sol, ces espèces amies des déserts poudreux et des marécages s'en vont chercher leur vie ailleurs. Nos progrès font en un sens notre pauvreté. En Angleterre, le même fait est signalé. (Voyez les excellents articles de *sport* et d'histoire naturelle, traduits de MM. John, Knox, Gosse, et autres, dans la *Revue britannique*.) Le coq de bruyère se retire devant les pas du cultivateur, la caille passe en Irlande; les rangs des hérons s'éclaircissent chaque jour devant les *perfectionnements utilitaires* du XIXe siècle. Mais il faut joindre à ces causes de disparition la barbarie de l'homme, qui détruit si légèrement une foule d'espèces innocentes. Nulle part, dit un voyageur français, M. Pavie, le gibier n'est plus fuyard que dans nos campagnes.

Malheur aux peuples ingrats!... Et ce mot veut dire ici les peuples chasseurs qui, sans mémoire de tant de biens que nous devons aux animaux, ont exterminé la vie innocente. Une sentence terrible du Créateur pèse sur les tribus de chasseurs : *Elles ne peuvent rien créer*. Nulle industrie n'est sortie d'eux, nul art. Ils n'ont rien ajouté au patrimoine héréditaire de l'espèce humaine. Qu'a-t-il servi aux Indiens de l'Amérique du Nord d'être des héros! N'ayant rien organisé, rien fait de durable, ces races, d'une énergie unique, disparaissent de la terre devant des hommes inférieurs, les derniers émigrants d'Europe.

Ne croyez pas cet axiome : que les chasseurs deviennent peu à peu des agriculteurs. Point du tout, ils tuent ou meurent : c'est toute leur destinée. Nous le voyons bien par expérience. Celui qui a tué, tuera; celui qui a créé, créera.

Dans le besoin d'émotion que tout homme apporte en naissant, l'enfant qui y satisfait habituellement par le meurtre, par un petit drame féroce de surprise et de trahison, de torture du faible, ne trouvera pas grand goût aux douces et lentes émotions que donne le succès progressif du travail et de l'étude, de la petite industrie qui fait quelque chose d'elle-même. Créer, détruire, ce sont les deux ravissements de l'enfance : créer est long; détruire est court, facile. La moindre création implique les dons du Créateur et de la bonne Nature : la douceur et la patience.

Une chose choquante et hideuse, c'est de voir un enfant chasseur, de voir la femme goûter, admirer le meurtre, y encourager son enfant. Cette femme sensible et délicate ne lui donnerait pas un couteau, mais elle lui donne un fusil : tuer de loin, à la bonne heure! on ne voit pas la souffrance. Et telle mère, la voyant très-bien, trouvera bon qu'un enfant, captif à la chambre, se désennuie en arrachant l'aile aux mouches, en torturant un oiseau ou un petit chien.

Mère prévoyante! Elle saura plus tard ce que c'est qu'avoir formé un cœur dur. Vieille et faible, rebut du monde, elle sentira à son tour la brutalité de son fils.

. . . .

Mais le tir? objectera-t-on. Ne faut-il pas que l'enfant l'apprenne en tuant, que, de meurtre en meurtre, il aille jusqu'à tuer l'hirondelle au vol? Le seul pays de l'Europe où tout le monde sache tirer, c'est celui où l'on tire le moins à l'oiseau. La patrie de Guillaume Tell a su montrer à ses enfants un but plus juste et plus sublime quand ils affranchirent leur pays.

. . . .

La France n'est pas féroce. Pourquoi cet amour du meurtre, cette extermination des bêtes?

C'est le peuple impatient, peuple jeune, peuple enfant, et d'une rude et mobile enfance. S'il n'agit pas en créant, il agira en brisant.

Ce qu'il brise surtout, c'est lui-même. Une éducation violente, orageusement passionnée d'amour ou de sévérité, brise chez l'enfant, flétrit, étouffe la prime fleur morale de sensibilité native, ce qui restait de meilleur du lait maternel, germe d'amour universel qui refleurit bien rarement.

Une sécheresse incroyable attriste chez beaucoup d'enfants. Quelques-uns en reviennent par le long circuit de la vie, quand ils sont devenus hommes, hommes expérimentés, éclairés. La lumière leur rend la tendresse. Mais la première fraîcheur de cœur? elle ne reviendra jamais.

Pourquoi ce peuple, du reste si heureusement né, est-il (sauf de rares et locales exceptions) frappé d'une impuissance singulière pour *l'harmonie?* Il a ses chansons à lui, de petites mélodies charmantes de vivacité, de gaieté. Mais il lui faut un long effort, une éducation spéciale, pour arriver à l'harmonie.

Page 129. *Quel bonheur le matin quand les terreurs s'enfuient!* — « Avant (dit Tschudi) que les teintes vermeilles de la rosée matinale aient annoncé l'approche du soleil, souvent même avant que la plus légère lueur ait signalé l'aube à l'orient, alors que les étoiles scintillent encore dans le sombre azur du ciel, un bruit sourd retentit sur le faîte d'un vieux sapin, bientôt suivi d'un caquetage de plus en plus accentué; puis les notes s'élèvent et une interminable série de sons aigus frappe l'air de toutes parts comme un cliquetis de lames continuellement heurtées l'une contre l'autre. C'est le temps de l'accouplement du coq des bois. L'œil en feu, il danse et sautille sur sa branche, tandis qu'au-dessous de lui, dans le taillis, ses poules reposent tranquillement et contemplent avec respect les folles gambades de leur seigneur et maître. Il n'est pas longtemps seul à animer la forêt. Le merle s'élève à son tour, secouant la rosée de ses plumes brillantes. Le voilà qui aiguise son bec sur la branche, et, de rameau en rameau, sautille jusqu'au sommet de l'érable où il a dormi, étonné de voir que presque tout sommeille encore dans la forêt quand l'aube du jour a remplacé la nuit. Deux fois, trois fois, il lance sa fanfare aux échos de la montagne et de la vallée, qu'un épais brouillard lui dérobe encore.

« De minces colonnes de fumée blanchâtre s'échappent du toit des chaumières; les chiens jappent autour des fermes, et les clochettes sonnent au cou des vaches. Les oiseaux quittent alors leurs buissons, agitent leurs ailes et s'élancent dans les airs pour saluer le soleil, qui vient une fois de plus leur donner sa bienfaisante lumière. Plus d'un pauvre petit moineau se réjouit d'avoir échappé aux dangers de la nuit. Perché sur une petite branche, il avait cru pouvoir dormir sans crainte, la tête ensevelie sous ses plumes, quand, à la lueur d'une étoile, il a vu se glisser dans les arbres la chouette silencieuse, méditant quelque forfait. La fouine était venue du fond de la vallée, l'hermine était descendue du rocher, la martre des sapins avait quitté son nid, le renard rôdait dans les broussailles. Tous ces ennemis, le pauvre petit les avait vus pendant cette nuit terrible. Sur son arbre, à terre, dans l'air, partout la destruction le menaçait. Qu'elles avaient été longues, ces heures où, n'osant bouger, il n'avait pour protection que les jeunes feuilles qui le cachaient! Aussi maintenant, quel plaisir pour lui de s'élancer à tire-d'aile, de vivre en sécurité, protégé, défendu par la lumière!

« Le pinson lance à plein gosier sa note claire et sonore; le rouge-gorge chante au faîte du mélèze, le chardonneret dans les aunes, le bruant et le bouvreuil sous les ramées. La mésange, le roitelet et le troglodyte confondent leurs voix. Le pigeon ramier roucoule, et le pic frappe son arbre. Mais au-dessus de ces cris joyeux retentissent les notes mélodieuses de l'alouette des bois et l'inimitable chant de la grive. »

Page 135. *Migrations.* — Pour l'Arabe affamé, le maigre habitant du désert, l'arrivée des oiseaux voyageurs, fatigués, lourds à cette époque, et si faciles à prendre, est une bénédiction de Dieu, une manne céleste. La Bible nous dit les ravissements des Israélites, errants dans l'Arabie Pétrée, à jeun et défaillants, quand ils virent tout à coup descendre la nourriture ailée : non pas les sauterelles du sobre Élie, non pas le pain dont le corbeau nourrissait ses entrailles, mais la caille lourde de graisse, délicieuse et substantielle, qui d'elle-même tombait dans la main. Ils mangèrent à crever, et les grasses marmites de Pharaon ne leur laissèrent plus de regret.

J'excuse de bon cœur la gloutonnerie des affamés. Mais que dire des nôtres, dans les plus riches pays de l'Europe, qui, après moisson et vendange, les greniers et les celliers pleins, n'en poursuivent pas moins avec furie ces pauvres voyageurs? Gras ou maigres, tout leur est bon; ils mangeraient jusqu'aux hirondelles; ils dévorent les oiseaux chanteurs, « ceux qui n'ont que le son. » Leur frénésie sauvage met le rossignol à la broche, plume et tue l'hôte de la maison, le pauvre rouge-gorge, qui mangeait hier dans la main.

Le temps des migrations est un temps de carnage. La loi qui pousse au sud les tribus des oiseaux, pour des millions d'entre eux c'est une loi de mort. Beaucoup partent, quelques-uns reviennent; à chaque station de la route, il leur faut payer un tribut de sang. L'aigle attend sur son roc, et l'homme attend dans la vallée. Ce qui échappera au tyran de l'air, celui de la terre le prendra. « Beau moment! » dit l'enfant ou le chasseur, enfant féroce dont le meurtre est le jeu. « Dieu l'a voulu ainsi! dit le pieux glouton; résignons-nous! » Voilà les jugements de l'homme sur cette fête de massacre. Nous n'en savons pas plus, l'histoire n'a pas écrit encore ce qu'en pensent les massacrés.

— Les migrations sont des échanges pour tout pays (excepté les pôles à l'époque de l'hiver). Telle cause de climat ou de nourriture, qui décide le départ d'un oiseau, est précisément celle qui détermine l'arrivée d'une autre espèce. Quand l'hirondelle nous quitte aux pluies d'automne, nous voyons apparaître l'armée des pluviers et des vanneaux à la recherche des lombrics exilés de leur demeure par l'inondation. En octobre, et plus les froids avancent, les bruants, les cabarets, les roitelets remplacent les oiseaux chanteurs qui nous ont fuis. Les perdrix, les bécasses descendent de leurs montagnes au moment où la caille et la grive émigrent vers le Midi. C'est alors aussi que les grandes armées des espèces aquatiques quittent l'extrême Nord pour les contrées tempérées où les mers, les étangs et les lacs ne gèlent pas. Les oies sauvages, les cygnes, les plongeons, les canards, les sarcelles, fendent l'air en ordre de bataille et s'abattent sur les lacs d'Écosse, de Hongrie, sur nos étangs du Midi, etc. La cigogne au tempérament délicat fuit au Midi, quand la grue sa cousine va partir du Nord, où manquent les vivres. Passant sur nos terres, elle y paye tribut en nous délivrant des derniers reptiles et batraciens qu'un souffle tiède d'automne avait fait revivre.

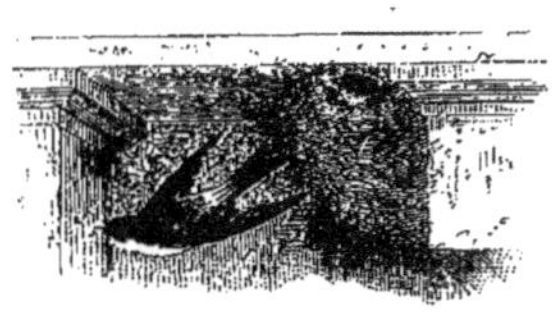

Page 138. *C'est le besoin de la lumière.* — Et pourtant, le rossignol lui échappe quand il nous revient d'Asie. Mais pour les véritables artistes, il la faut doucement ménagée, mêlée de rayons et d'ombres. Rembrandt a puisé dans la science du clair-obscur les effets à la fois doux et chauds de ses peintures. Le rossignol commence à chanter quand la

brume du soir se mêle aux derniers rayons du soleil ; et c'est pour cela que nous vibrons à sa voix. Notre âme, à ces heures indécises du crépuscule, reprend possession de la lumière intérieure.

Page 169. *Et ne dis pas : L'hiver tuera les insectes.* — Quand M. de Custine fit son voyage en Russie, il raconte qu'à la foire de Nijni il fut épouvanté de la multitude de blattes qui couraient dans sa chambre avec une odeur infecte, et qu'on ne put faire disparaître. Le docteur Tschudi, patient voyageur qui a vu la Suisse dans ses moindres détails, assure qu'au souffle de l'autan, qui en douze heures fait fondre les neiges, d'innombrables armées de hannetons ravagent le pays. Ils sont un fléau non moins terrible que les sauterelles au Midi.

A notre voyage en Italie, nous fîmes une observation qui n'aura pas échappé aux naturalistes : c'est que les hannetons n'y meurent pas l'automne. Des pièces inhabitées de notre palazzo, presque entièrement fermé l'hiver, nous vîmes s'échapper au printemps des nuées de hannetons qui paisiblement avaient dormi en attendant la chaleur. Du reste, en ce pays, les insectes, même éphémères, ne meurent pas. De gigantesques cousins nous faisaient la guerre toutes les nuits, demandant notre sang d'une voix aiguë et stridente.

Si, à côté de ces preuves de la multiplication des insectes, même dans les pays tempérés ou froids, nous disons qu'une hirondelle n'a pas assez de 1000 mouches par jour; qu'un couple de moineaux porte à ses petits 4300 chenilles ou scarabées par semaine, une mésange 300 par jour, nous verrons à la fois le mal et le remède. Nous tirons ces chiffres de M. Quatrefages (*Souvenirs*), et d'une *Lettre écrite par M. Walter Trevelyan à l'éditeur des Oiseaux de la Grande-Bretagne,* et traduite dans la *Revue britannique,* 7 juillet 1850.

Voici un aperçu bien incomplet des services que nous rendent les oiseaux de notre climat.

Plusieurs sont les gardiens assidus des troupeaux. Le héron garde-bœuf, usant de son bec comme d'un ciseau, coupe le cuir du bœuf pour en extraire un ver parasite qui suce le sang et la vie de l'animal. Les bergeronnettes, les étourneaux rendent à peu près les mêmes services à nos bestiaux. Les hirondelles détruisent des milliers d'insectes ailés qui ne posent guère, et que nous voyons danser dans les rayons du soleil : cousins, libellules, tipules, mouches, etc. Les engoulevents, les martinets, chasseurs de crépuscule, font disparaître les hannetons, les blattes, les phalènes, et une foule de rongeurs qui ne travaillent que de nuit. Le pic chasse les insectes qui, cachés sous l'écorce des arbres, vivent aux dépens de la séve. Les colibris, les oiseaux-mouches, les soui-mangas, dans les pays chauds, épurent le calice des fleurs. Le guêpier, en toute contrée, livre une rude guerre aux guêpes affamées de nos fruits. Le chardonneret, ami des terres incultes et de la graine du chardon, l'empêche d'envahir le sol. Les oiseaux de nos jardins, fauvettes, pinsons, bruants, mésanges, dépouillent nos arbrisseaux et nos grands arbres des pucerons, chenilles, scarabées, etc., dont les ravages seraient incalculables. Beaucoup de ces insectes restent l'hiver à l'état d'œuf ou de larve, attendant la belle saison pour éclore ; mais, en cet état, ils sont attentivement recherchés par les merles, les roitelets, les troglodytes. Les premiers retournent les feuilles qui jonchent le sol ; les seconds grimpent aux plus hautes branches, ou émouchent le tronc. Dans les prairies humides, on voit les corbeaux et les cigognes piocher la terre pour s'emparer du *ver blanc* qui, trois années durant avant de devenir hanneton, ronge les racines de nos foins.

Nous nous arrêtons, afin de ne pas lasser notre lecteur, et pourtant la liste des oiseaux utiles est à peine effleurée.

Page 179. *Le pic, comme augure.* — Les méthodes d'observations adoptées par la météorologie sont-elles sérieuses, efficaces? Quelques savants en doutent. Il serait bon peut-être d'examiner si l'on ne peut tirer aucun parti de la météorologie des anciens, de leur divination par les oiseaux. Les textes principaux sont indiqués dans l'Encyclopédie de Pauly (Stuttgard), article *Divinatio.*

« Le pic est un oiseau chéri dans les steppes de Pologne et de Russie. Dans ces plaines peu boisées, il se dirige toujours vers les arbres; en le suivant, on retrouve un ravin pour se cacher, des sources plus tard, enfin on descend vers le fleuve. Sous la direction de cet oiseau on peut ainsi s'orienter et reconnaître le pays. » (Mickiewicz, *les Slaves,* t. I, p. 200.)

Page 193. *Chant.* — N'isolons pas ce que Dieu a réuni. Quand vous placez un oiseau dans une cage, tout près de vous, son chant vous lasse bientôt par son timbre sonore ou sa monotonie. Mais dans le grand concert de la nature, cet oiseau donnait sa note et complétait l'harmonie. Telle voix puissante s'adoucissait aux modulations de l'air; telle, fine et douce, glissait emportée par la brise.

Et puis, au fond des bois, le chanteur se déplace sans cesse, s'éloigne ou se rapproche; il y a les effets lointains qui amènent la rêverie, et le coup d'archet qui fait vibrer le cœur.

Chez vous, ce chant serait toujours même chose; mais sur l'aile des vents, cette musique est divine, elle pénètre l'âme et la ravit.

Page 201. *L'oiseau qui vient se chauffer au foyer.* — Je trouve ce passage admirable dans la *Conquête de l'Angleterre par les Normands.* Le chef des Saxons barbares réunit ses prêtres et ses sages pour savoir s'ils doivent se faire chrétiens. L'un d'eux parle ainsi :

« Tu te souviens peut-être, ô roi, d'une chose qui arrive parfois dans les jours d'hiver, lorsque tu es assis à table avec les capitaines et les hommes d'armes, qu'un bon feu est allumé, que la salle est bien chaude, mais qu'il pleut, neige et vente au dehors. Vient un petit oiseau qui traverse la salle à tire-d'aile, entrant par une porte, sortant par l'autre; l'instant de ce trajet est pour lui plein de douceur, il ne sent plus ni pluie, ni orage; mais cet instant est rapide, l'oiseau fuit en un clin d'œil, *et, de l'hiver, il repasse dans l'hiver*. Telle me semble la vie des hommes sur cette terre et sa durée d'un moment, comparée à la longueur du temps qui la précède et qui la suit. » (Traduction d'Augustin Thierry.)

De l'hiver, il va dans l'hiver. « Of wintra in wintra cometh. »

Page 205. *Nids, éclosion.* — Dans toute l'étendue des îles qui relient l'Inde à l'Australie, une espèce d'oiseaux de la famille des gallinacées se dispense de couver ses œufs. Élevant un énorme monticule d'herbes dont la fermentation produira un degré de chaleur favorable à l'éclosion des œufs, les parents, ce travail d'entassement une fois fait, s'en remettent à la nature pour la reproduction de leur espèce. M. Gould, qui a donné ces détails curieux, parle aussi de nids singuliers construits par une autre espèce d'oiseaux. C'est une avenue formée de petites branches plantées dans le sol et réunies en dôme à leur extrémité supérieure. Des herbes entrelacées consolident la construction. Ce premier travail achevé, les artistes songent à l'embellir. Ils vont, cherchant de tous côtés, et souvent au loin, les plumes les

plus brillantes, les coquillages les mieux polis, les pierres qui ont le plus d'éclat, pour en joncher l'entrée. Cette avenue semblerait ne pas être le nid, mais le lieu des premiers rendez-vous. (Voy., dans le magnifique ouvrage de M. Gould, *Australian birds,* les gravures coloriées.)

Page 235. *Instinct et raison.* — L'ignorant, l'inattentif, croit tout *à peu près semblable.* Et la science voit que tout diffère. A mesure qu'on apprend à voir, les diversités apparaissent : cette nuance imperceptible et *à peu près* sans valeur, qui d'abord n'empêchait pas de confondre les choses entre elles, se caractérise et devient une différence saillante, une distance considérable d'un objet à l'autre, une lacune, un hiatus, parfois un abîme énorme qui les sépare et les éloigne, si bien qu'entre ces choses, *d'abord à peu près semblables,* parfois tout un monde tiendrait sans pouvoir les rapprocher.

On avait dit et répété que les travaux des insectes étaient absolument semblables, d'une régularité mécanique. Et voilà que les Réaumur, les Huber, ont trouvé nombre de faits absolument en dehors de cette régularité prétendue, spécialement pour la fourmi, une vie compliquée de tant d'incidents, de tant d'exigences imprévues, que jamais elle n'y ferait face sans un discernement rapide, une vive présence d'esprit qui est un des plus hauts attributs de la personnalité.

On avait cru que les oiseaux construisaient des nids toujours identiques. Point du tout. En observant mieux, on a trouvé qu'ils les varient selon les climats et les temps. A New-York, le baltimore fait un nid feutré à l'abri du froid. A la Nouvelle-Orléans, il fait un nid à claire-voie, où l'air passe librement et lui diminue la chaleur. Des perdrix du Canada, qui l'hiver se couvrent d'un petit auvent, à Compiègne, sous un ciel plus doux, ont supprimé cet abri qu'elles jugeaient inutile. Même discernement en ce qui touche les saisons. Le printemps américain étant devenu tardif, dans les premières années du siècle, le vrillot (de Wilson) a sagement fait son nid plus tard aussi, l'ajournant de deux semaines. J'ose ajouter que j'ai vu, dans le midi de la France, ces appréciations varier d'année en année; par une inexplicable prévision, quand l'été devait être froid, les nids se trouvaient mieux feutrés.

Le guilleminot du Nord (*mergula*), qui craint surtout le renard, friand de ses œufs, niche sur un rocher à fleur d'eau, afin qu'à peine éclose, la couvée, quelque près qu'elle soit guettée, ait le temps de sauter à l'eau. Au contraire, sur nos côtes, où il n'a à craindre que l'homme, il niche où l'homme a peine à atteindre, dans les falaises les plus hautes, les plus escarpées.

Les ignorants, et encore les naturalistes de cabinet, accordent les diversités d'espèce à espèce, mais croient que, dans chaque espèce, actes et travaux, tout se ressemble. On a pu le soutenir tant qu'on a vu les choses *de loin et de haut* dans une *généralité majestueuse*. Mais le jour où les naturalistes ont pris le bâton de voyage, le jour où, modestes, opiniâtres, infatigables pèlerins de la nature, ils ont mis leurs souliers de fer, toutes choses ont changé d'aspect; ils ont vu, noté, comparé nombre d'œuvres individuelles dans les travaux de chaque espèce, en ont saisi les différences, et sont arrivés à cette conclusion qu'eût d'avance donnée la logique : *que vraiment rien ne se ressemble*. Dans ces œuvres identiques aux yeux inexpérimentés, les Wilson et les Audubon ont surpris les diversités d'un art très-variable, selon les moyens et les lieux, selon les caractères, les talents des artistes, dans une spontanéité infinie. Ainsi s'est étendu le domaine de la liberté, de la fantaisie et de l'*ingegno*.

Formons le vœu que nos collections rapprochent plusieurs échantillons de chaque espèce, rangés, échelonnés selon le progrès et le talent individuel, notant l'âge approximatif des oiseaux qui ont fait les nids.

Si ces diversités infinies ne résultent point d'une activité libre, d'une spontanéité personnelle, si on veut les rapporter à un instinct identique, il faudra, pour soutenir cette thèse miraculeuse, faire croire un autre miracle : que cet instinct, quoique le même, a la singulière élasticité de s'accommoder et de se proportionner à une variété de circonstances qui changent sans cesse, à un infini de hasards.

Que sera-ce, si l'on trouve dans l'histoire des animaux tel acte de prétendu instinct qui suppose une résistance à tout ce que semble vouloir notre nature instinctive? Que dire de l'éléphant blessé dont parle Fouché d'Obsonville?

Ce voyageur judicieux, très-froid et fort éloigné de tendances romanesques, vit dans l'Inde un éléphant qui, ayant été blessé à la guerre, allait tous les jours faire panser sa blessure à l'hôpital. Or, devinez quel était ce pansement. Une brûlure... Dans ce dangereux climat, où tout se corrompt, on est souvent obligé de cautériser les plaies. Il endurait ce traitement, il l'allait chercher tous les jours; il ne prenait pas en haine le chirurgien qui lui infligeait une si cuisante douleur. Il gémissait, rien de plus. Il comprenait évidemment qu'on ne voulait que son bien, que son bourreau était son ami, que cette cruauté nécessaire avait pour but sa guérison.

Cet éléphant agissait évidemment par réflexion, nullement par un instinct aveugle, il agissait avec une volonté éclairée et forte contre la nature.

Page 237. *Le rossignol professeur.* — Je dois ce détail à une dame qui a bien droit de juger en ces choses, à Mme Garcia Viardot. Les paysans de Russie, qui ont l'oreille délicate, et une sensibilité très-grande pour la nature (en proportion de ses sévérités pour eux), disaient, quand ils entendaient parfois la cantatrice espagnole : « Le rossignol chante moins bien. »

Page 239. *Le petit hésite encore,* etc. « Un jour, je me promenais avec mon fils à Montier. Nous aperçûmes du côté du nord, sur le petit Salève, un aigle qui s'échappait de l'anfractuosité des rochers. Quand il fut assez près du grand Salève, il s'arrêta, et deux aiglons qu'il avait portés sur son dos se hasardèrent à voler, d'abord très-près de lui en cercles resserrés; puis, quelques moments après, se sentant

fatigués, ils vinrent se reposer sur le dos de leur instituteur. Peu à peu les essais furent plus longs, et à la fin de la leçon, les petits aigles firent des tours notablement plus considérables, toujours sous les yeux de leur maître de gymnastique. Quand une heure environ se fut écoulée, les deux écoliers reprirent leur place sur le dos paternel. L'aigle rentra dans le rocher d'où il était sorti. » (M. Chenvières, de Genève.)

Page 279. *Le petit faucon du Chili* (cernicula). — Je tire ce détail d'un livre nouveau, curieux et peu connu, qu'un Chilien a écrit en français : *Le Chili*, par B. Vicuna Mackenna, 1855, p. 100. — Contrée bien digne d'intérêt (voy. les beaux articles de M. Bilbao), qui, par l'énergie de ses citoyens, doit modifier beaucoup l'opinion peu favorable que les citoyens des États-Unis ont des Américains méridionaux. L'Amérique n'existera pas comme un monde, tant qu'elle ne se sera pas sentie en ses deux pôles opposés qui doivent faire sa grande harmonie.

Dernière note sur la vie ailée. — Pour apprécier des êtres si étrangers aux conditions de notre vie prosaïque, il faut un moment perdre terre et se faire un sens à part. On entrevoit que c'est quelque chose d'inférieur et de supérieur, d'en deçà et d'au delà, les limbes de la vie animale aux frontières de la vie des anges. A mesure qu'on prendra ce sens, on perdra la tentation de ramener la vie ailée, ce délicat, cet étrange, ce puissant rêve de Dieu, aux banalités de la terre.

Aujourd'hui même, en un lieu infiniment peu poétique, négligé, sale et obscur, parmi les noires boues de Paris, et dans les ténèbres humides d'un rez-de-chaussée qui vaut une cave, je vis, j'entendis gazouiller à demi-voix un petit être qui ne semblait point d'ici-bas. C'était une fauvette, et d'espèce commune, non la fauvette à tête noire que l'on paye si cher pour son chant. Celle-ci ne chantait pas alors; elle jasait avec elle-même, en quelques notes aussi peu variées que sa situation. L'hiver, l'ombre, la captivité, tout était contre elle. Captive d'un homme fort rude, d'un spéculateur en ce genre, elle n'entendait autour d'elle que ce qui peut briser le chant; sur sa tête, de puissants oiseaux, un moqueur entre autres, par moments faisaient éclater leur brillant clairon. Le plus souvent, elle devait être réduite au silence. Elle avait pris l'habitude, on l'entrevoyait, de chanter à demi-voix. Mais dans cet essor contenu, dans cette habitude de résignation et de demi-plainte, une délicatesse charmante, une morbidesse plus que féminine se faisait sentir. Ajoutez la grâce unique du corsage et du mouvement, d'une humble parure gris-de-lin, lustrée pourtant et brillant d'un léger reflet de soie.

Je me rappelai les tableaux où MM. Ingres et Delacroix nous ont donné des captives d'Alger ou de l'Orient, exprimant parfaitement la morne résignation, l'indifférence, l'ennui de ces vies si uniformes et aussi l'attiédissement (faut-il dire l'extinction?) de toute flamme intérieure.

Ah! ici, c'était autre chose. La flamme restait tout entière. C'était plus et moins qu'une femme. Nulle comparaison n'eût servi. Inférieure par l'animalité, par son joli masque d'oiseau, elle était très-haut placée et par l'aile, et par l'âme ailée qui chantait dans ce petit corps. Un tout-puissant *alibi* la tenait bien loin, dans son bocage natal, dans le nid d'où toute petite elle avait été enlevée, ou dans son futur nid d'amour. Elle gazouilla cinq ou six notes, et j'en fus tout réchauffé; moi-même, ailé en ce moment, je l'accompagnai dans son rêve.

TABLE DES CHAPITRES

TABLE DES CHAPITRES

Pages.

PREMIÈRE PARTIE

DEUXIÈME PARTIE

PARIS. — J. CLAYE, IMPRIMEUR, RUE SAINT-BENOIT, 7.

www.ingramcontent.com/pod-product-compliance
Lightning Source LLC
LaVergne TN
LVHW011104300926
849160LV00008B/279